Geognostische Beobachtungen,

angestellt

auf einer Reise um die Welt,

in den Jahren 1823 bis 1826,

unter dem Befehl des Russisch Kaiserl. Flott-Capitaines und Ritters,

Herrn Otto von Kotzebue,

von

Ernst Hofmann

Ritter des Wladimir-Ordens 4ter Classe.

Berlin, 1829.

Gedruckt und verlegt

bei G. Reimer.

Der

Kaiserl. Akademie der Wissenschaften

zu

St. Petersburg

ehrerbietigst gewidmet

von

dem Verfasser.

Vorwort.

Geognostische Beobachtungen, aus Gegenden deren Fels-Beschaffenheit wenig oder gar nicht bekannt ist, finden eine geneigte Aufnahme, wenn sie brauchbare Beiträge zu der Erd-Baukunde liefern. Damit meine Beobachtungen als solche befunden werden mögten, stellte ich sie mit Sorgfalt und methodisch an, suchte überall die Beschaffenheit des Gesteins der Felsmassen, deren Stellung und Lagerung, und die äufsere Gestaltung des bereisten Landes, möglichst genau auszumitteln und zu beschreiben, des Theoretisirens mich enthaltend. Wenn mein Bemühen nicht überall glückte, so mag das zum Theil mir, zum Theil aber auch den unbesiegbaren Schwierigkeiten zur Last fallen, welche die Natur selbst, oder äufsere Zufälligkeiten entgegenstellten. Dafs ich aber manche interessante Untersuchung unvollendet abbrechen, manche gar nicht beginnen konnte, aus Mangel an Zeit; wird der Billigdenkende eben so wenig mir, als dem verdienten Befehlshaber der Expedition, Herrn Capitain v. Kotzebue, beimessen, der überall den wissenschaftlichen Wünschen seiner Untergebenen so weit zuvorkam, als es, unbeschadet seiner Reise-Instruction, geschehen konnte.

Bei der Ausarbeitung des Büchleins wurden die Felsarten, von welchen in demselben die Rede ist, und die ich dem mineralogischen Cabinet der Universität Dorpat, in vollständigen Suiten übergeben habe, nochmals durchgemustert.

Alle Höhen-Berechnungen wurden bloſs nach der, mit 60,000 multiplicirten logarithmischen Differenz der Barometer-Höhen gemacht, mit Correction der Temperatur des Quecksilbers, aber ohne Correction für die Luft-Temperatur, weil diese hier, in Ermangelung gleichzeitiger Beobachtungen, nur zu Irrthümern Veranlassung gegeben haben würde.

E. Hofmann.

Inhalt.

Die Umgebungen von Rio de Janeiro.

Welcher Europäer könnte die Küste Brasiliens, bei Rio de Janeiro zum ersten Mal betreten, ohne von den Reizen und von der Fülle dieser Natur höchlich überrascht zu werden! Aus dem Meer sich erhebende, zackige Felsenreihen, deren Seiten eine dicht gewebte Pflanzendecke verhüllt; schlanke Palmen die ihre frisch grünenden Wipfel empor halten; die Pracht der buntfarbigen Thierwelt, die in den Zweigen, in dem Schatten eines jeden Baums sich tummelt, der, mit seinen starken Armen, zahlloser anderer Pflanzen Trager ist; — dieser überschwängliche Reichthum erfreut gewifs jeden Fremden, und setzt den Nordländer, auch wenn er durch anziehende Beschreibungen auf die Herrlichkeiten der Tropenländer vorbereitet war, in Erstaunen. Wo der Botaniker, der Zoolog hier sich hinwenden mag, jeder Schritt bringt ihm reichen Gewinn; der Geognost allein sieht nur Bekanntes wieder! Unabhängig von Klima und Oertlichkeit, denen die organische Schöpfung ihre grofse Mannigfaltigkeit verdankt, haben die Felsen, in den fernsten Gegenden der Erde, nach allgemein waltenden Gesetzen, sich gleichförmig gestaltet. Zwar sind, nach Herrn v. Eschwege's Untersuchungen, das Felsgebäude der neuen und das der alten Welt, nur dem Material nicht der Bauart nach übereinstimmend, und in seinem geognostischen Gemälde von Brasilien werden die Belege zu diesem Ausspruch gegeben, aber in den Umgebungen von Rio de Janeiro findet das Gegentheil Statt, denn eben in manchen Eigenthümlichkeiten der Gemengtheile und des Gesteins der Felsen, nicht aber in den gröfseren Massenverhältnissen, weichen die Gebilde, welche ich hier sah, von den analogen Formationen Europas ab.

Uebersicht der Gegend.

Die schmale Einfahrt in den grofsen, von S. nach N. sich erstreckenden Busen von Rio de Janeiro, wird von steilen Bergen eingefafst, die, aus dem Meere ansteigend, sich der übrigen Felsumgrenzung anschliefsen, welche landwarts amphitheatralisch sich erhebt. Nur wo Thäler gegen die Bay sich öffnen, trennt ein Küstensaum das Meer von dem Fufs der Berge. Die Stadt San Sebastian de Rio de Janeiro liegt in dem Ausgange eines solchen Thales. In W. N. W. weichen die Höhen weiter zurück, und machen einer Ebene Platz, hinter welcher sie sich aber um so stärker erheben, die ansehnlichsten Gebirge dieser Gegend, das Stern- und Orgel-Gebirge bildend, deren Gipfel fast immer in Wolken gehüllt sind. Ueber den weiten Spiegel der Bay ragen zahlreiche Inseln hervor, einige von ansehnlichem Umfange und von Gebüsch und Bäumen beschattet, andere nur als nackte Klippen. Während der Ebbe findet eine starke Strömung aus der Bay in das Meer, zur Zeit der Fluth, aus diesem in die Bay Statt. Von 11 Uhr Morgens bis 5 Uhr Nachmittags, pflegt der Südost-Wind zu herrschen; in den übrigen Stunden des Tages weht der Wind aus N. W. Etwa eine halbe deutsche Meile südlich von der Stadt, hat die Bay eine Nebenbucht, Bota fogo genannt, an deren Ufer die Landhäuser der Kaufleute liegen, und auch der Kaiserlich Russische Vice-Consul seine Wohnung hatte. Er wiefs sie gastfreundlich den aus Rufsland angelangten Reisenden an, daher alle meine Excursionen von dort ausgingen. Leider stellten diesen die Steilheit und Vegetation der Bergabhänge grofse Schwierigkeiten entgegen. Wo keine Fufswege gebahnt sind, wird das Hinanklimmen, wegen der fest in einander verschlungenen Gewächse, meist unmöglich, und auf jenen Pfaden läfst eine mächtige Thonschicht den Fels selten zu Tage erscheinen. Er wird gewöhnlich erst in der Nähe der nackten Gipfel sichtbar.

Morro do Flamengos

Südost-Süd von Bota fogo erhebt sich ein mäfsiger Hügel, der Morro do Flamengos. Der Weg zu ihm führt längs dem Strande, auf welchem Granit-Gerölle und einzelne Stücke Quarz liegen, die Trümmer des in den benachbarten Bergen anstehenden Gesteins. Der Hügel selbst besteht aus Granit-Gneus, der stellenweise grobfaserig ist, und durch Adular porphyrartig, stellenweise dünnflaserig, und dem Gneus ahnlich wird. Scheidungsklüfte zwischen dem verschiedenen Gestein sind nicht bemerkbar, es bildet Eine zusammenhängende Masse, in welcher Granit und Gneus, stellenweise, im Zickzack zusammengefügt zu seyn scheinen. Der Quarz ist blaulich, der Glimmer schwarz, der Adular weifs, in rundlichen, zuweilen kopfgrofsen Krystallen, oder mandelförmig gestaltet, meist mit einer Rinde von Porzellanerde überzogen, und durch Risse von dem umgebenden Gestein getrennt. In einer Grotte, die wahrscheinlich das Meer ausgewaschen hat, da es bei hoher Fluth noch jetzt hineindringt, ist der Granit-Gneus so zersetzt, dafs der Hammer wie in weiche Erde fuhr, obgleich das Gestein dem aufserhalb anstehenden, festen Fels vollkommen ähnlich sieht. Merkwürdig ist, dafs der Adular, welcher in letzterem in Porzellanerde umgewandelt zu seyn pflegt, während die übrigen Gemengtheile noch wohlerhalten sind, hier, in der Grotte, der Verwitterung am besten widerstand, und dafs die Zerstörung überhaupt an Stellen die nur zu Zeiten überschwemmt werden, weiter vorgeschritten ist, als dort, wo die Wellen den Fels fortwährend bespülen.

Gegend in Südwest von Bota fogo.

Ich folgte dem Strande nach S. W. S. Die Berge weichen hier zurück und werden durch ein Thal zerschnitten, welches von der Bucht bis zu dem südlich vorliegenden Meere reicht. Der Eingang aus der Bucht ist schmal, die Gehänge sind mäfsig hoch und dicht bewachsen. Weiterhin dehnt es sich zu einem Becken aus, das mehrere Gärten, aber keinen Flufs enthält, und sich oberhalb wieder verengt, indem die Seiten näher zusammentreten, und ein Hügelrücken von der einen zur andern quer hinüber setzt. Er scheint durchgraben worden zu seyn, um einen Fahrweg aus dem vordern Becken in ein zweites, jenseits gelegenes Becken zu leiten, worin ein Süfswasser-See befindlich, der seinen Zuflufs von den Giefsbächen der angränzenden Berge erhält, und nach S. W. in das Meer fliefst. Obgleich die Thalsohle dorthin stärker abfällt, als sie sich in der vordern Hälfte zur Bucht neigt, ist der Niveau-Unterschied zwischen See und Meer doch so gering, daſs dessen Wellen, bei hoher Fluth, bis zu jenen dringen. Die Beschaffenheit des Thals, besonders seine Verengung gegen die Bucht, lassen in ihm einen Spalt erkennen, durch welchen letztere mit dem Meere ehemals zusammenhing. Die Einfahrt in die groſse Bay von Rio de Janeiro ist ein ähnlicher Spalt; vielleicht entstanden beide durch dieselbe Naturgewalt, welche dort die Felsen in Inseln und Klippen zertheilte? Hingen aber Bay und Meer durch jenes Thal zusammen, so muſsten sie ehemals nothwendig ein höheres Niveau haben, als jetzt; läſst sich nun solches hier nachweisen? Ich glaube bei Untersuchung der Höhen, die das Thal auf der rechten oder östlichen Seite begrenzen, die Spuren des höheren Standes der Gewässer gefunden zu haben. Diese Höhen, welche zwischen 40 und 50 Grad steil ansteigen, und sich gegen den, sie alle beherrschenden Corcovado aufthürmen, sind nicht bloſs von kurzen, tiefen Thälern und Schluchten, welche gegen das Bekken-Thal auslaufen, in Bergjoche getheilt, sondern die Rücken dieser werden wieder durch Vertiefungen quer gefurcht, die unter sich verbunden gewesen zu seyn scheinen, der Erstreckung des Beckenthals folgen, und der Strömung seines höheren Gewässers zugeschrieben werden können. Auch die Küste welche dieses ehemals begrenzte, dürfte noch nachweisbar seyn, in den nackten Felswänden, die gleich oberhalb jener Furchen sich erheben, aber nicht in Zacken auslaufen, sondern kuppig sind, und Bäume tragen, gleich den buschigen Abhängen unterhalb der Felswand. Das Gestein ist überall Granit, der in Granit-Gneus übergeht, stark verwittert, aber nirgends geschichtet, oder auch nur von Rissen durchsetzt zu seyn pflegt. Der Feldspath geht hier gleichfalls an vielen Stellen in Porzellanerde über, ja ein Hügel, in welchem Glimmer und Quarz noch deutlich zu erkennen waren, fand sich völlig in Porzellanerde umgewandelt, die erst in der Tiefe wieder in frisches Gestein sich verläuft. Auf der gegenüberliegenden linken Seite des Beckenthals ändert der Granit sein Gemenge; Quarz, Feldspath und Glimmer treten auseinander und sammeln sich einzeln in Nestern; Granaten erscheinen zahlreich eingesprengt; Quarzadern durchziehen das Gestein, in denen ebenfalls Granaten vorkommen, gröſser als in dem Granit, aber weniger häufig.

Auch der bläulich weiſse, feinkörnige Granit, welcher an dem Wege von Bota fogo nach Rio de Janeiro zu Bausteinen gebrochen wird, enthält eingesprengte Almandine nebst adularartigem Feldspath, und ist durch schwarzen Glimmer geflammt. So wird hier die auch anderweitig gemachte Erfahrung bestätigt, daſs fremdartige Gemengtheile vorzugsweise denjenigen Graniten eigen zu seyn pflegen, bei welchen häufiger Wechsel im Gefüge und Korn Statt findet.

Ueber Larangeiras zum Corcovado.

Zuerst nach Norden, an dem Rio Catete, einem Bach, der von W. kommt, und ins Meer fällt, aufwärts, in ein stark ansteigendes, mit Engen und Weitungen wechselndes Thal, welches gleichfalls von W. auslauft, und dann zum Corcovado hinauf. Bis zu dem Berge ist der Boden fette Dammerde. Der Rio Catete, gegenwärtig ein unbedeutendes Bächlein, das in trockner Jahreszeit ganz verschwinden soll, mag zuweilen stark anschwellen und reiſsend werden, denn er hat ansehnliche Felsblöcke bis an das Meer gewälzt. Die Seite des Corcovado, an welcher der Weg hinaufführte, ist mit einer mächtigen Lehmlage bedeckt, aus welcher der Fels, hier Granit, nur stellenweise durchblickt. Im Norden von Europa pflegt dieses Gestein selten eine starke Erddecke zu tragen, und der Boden den er bildet, ist nicht sowohl Thon als Grand. Sollten vielleicht im Norden der schnelle

Uebergang aus der strengen Kälte des Winters in die Hitze des Sommers, der Schnee, der häufige, feuchte Nebel, die anhaltenden Frühlings- und Herbst-Regen, mehr mechanisch auf die Trennung der Gemengtheile des Granits, in den Tropen dagegen, die Kraft der üppigen Vegetation, besonders die chemische Zersetzung seines Gesteins bewirken?

In der halben Höhe des Berges liegt, unweit einer Wasserleitung, der Granit zu Tage. Man erkennt deutlich seine Zusammensetzung aus parallel über einander liegenden Platten, die gegen N. O. geneigt sind, und W. gegen N. bis O. gegen S. streichen, ohne deshalb mit Bestimmtheit für Schichtung oder Absonderung erklart werden zu können. Die Platten werden gangartig von einer Lage dichten Basaltes durchschnitten, die etwa 1½ Fufs mächtig ist, und sich in einiger Entfernung, nebst dem Granit, unter dem Rasen verliert. Der Gipfel des Corcovado, der sich, nach meiner Barometer-Messung, 2100 Fufs über das Meer erhebt, besteht aus grobflaserigem Granitgneus, der, wie am Morro do Flamengos, stark verwittert, und concentrisch schaalige, kuglichte Absonderung hat.

Fahrt zur Mandioca, am Fufse des Cabesso di Fradre, eines Berges der Serra do Estrella.

Mandioca, der Landsitz des Kaiserlich Russischen General-Consuls, Herrn v. Langsdorff, liegt an der Strafse nach Villa Rica, der Hauptstadt der Provinz Minas Geraes. Der Landweg zur Mandioca erfordert drei Tagereisen; wir mufsten mit der sparlich zugemessenen Zeit haushalten, also zogen wir vor bis Porto do Estrella zu Wasser zu fahren. Wir durchschnitten die grofse Bay, kamen an mehreren Inseln vorbei, die aus demselben Gestein bestehen, welches unweit der Hauptstadt bricht, und schifften in den Inhomerin, der eine Meile aufwärts verfolgt wurde. Flaches Sumpfland begrenzt ihn zu beiden Seiten. Wo sich Hügel aus ihm erheben, bestehen sie aus Lehm, in welchem hier und da noch Granit ansteht. Der Lauf des Flusses ist träge, daher die Fluth noch in Porto do Estrella gespürt wird. Von diesem Flecken aus legten wir den übrigen Theil des Weges zu Pferde zurück. Das Land bleib bis zu dem Dorfe Inhomerin hügelig; häufiger Regen in den Gebirgen hatte die Niederungen unter Wasser gesetzt, so daſs wir stets durch Wasser reiten muſsten. Die Richtung des Weges war N., von wo auch der Fluſs kommt. Beim Dorfe Inhomerin wird der Weg steiler, das Thal enger, der Fluſs reiſsender, der sich nun aufwärts herum beugt, so daſs er von N. W. strömt. Ueberall Granit, der bis vor Manioca anhält, wohin man immer starker ansteigt. Mehrere Bergwässer eilen von hier in den Inhomerin.

Die Serra do Estrella an der wir uns befanden, ist bedeutend höher, als das Gebirge um Rio de Janeiro. Der Cabesso di Fradre, welcher jener angehört, ist keiner seiner höchsten Berge, und doch soll er, nach Hrn. v. Langsdorffs Angabe, sich mehr als 4000 Fuſs über das Meer erheben. Die hier frischere, kühlere Luft, bezeugt gleichfalls die bedeutende Höhe.

Der Weg den wir in das Gebirge einschlugen, führte längs einem Thal, nach Norden aufwärts. In seiner Tiefe rauschte ein Gieſsbach, zu dem ich gern hinunter gestiegen wäre, um seine Felsgehänge zu sehen, aber sie waren zu steil. Das Gestein oberhalb war schöner, frischer Granit, den schwarzer Glimmer, durch seine Frequenz, dunkel färbt. Wir gelangten bald aus der Region der Pisang in die der baumartigen Farrenkräuter, die 15 bis 20 Fuſs hoch, schlank, und mit einer Blätterkrone verziert, jungen Palmen ähnlich sind. Nach dreistündigem Steigen war die Höhe erreicht, und der Weg führte über eine Ebene bis Corco secco, dem Ziel unserer Wanderung, wo sich die Araucaria; ein Nadelholz, das bei Bota fogo nur kümmerlich fortkommt, in ihrer ganzen eigenthümlichen Schönheit erhob. Vor Corco secco senkt sich der Weg ein wenig, der Granit-Gneus ist hier deutlich geschichtet, gegen N. O. N. einschiefsend, und in ihm ein Lager von stark verwittertem Basalt.

Die Ergebnisse aller übrigen Excursionen, in die Serra und in die Gebirge der Küste, waren den angeführten gleich. Nur fand ich dort den Granit, hier den Granit-Gneus vorherrschend; überall die Berge in Hörner oder Kuppen zertheilt, durch Schluchten und tiefe Thäler, die aber in der Estrella wasserreicher als in dem Küstengebirge sind, da dort, wo die schwereren Wolken von den Höhen aufgehalten werden, ungleich mehr Regen fällt, als an der Bay.

Die beobachteten Barometerhöhen nach welchen die Erhebung des Corcovado über das Meer 2100 Fufs angegeben wurde, können hier nicht, wie bei den übrigen Höhenbestimmungen geschieht, beigefügt werden, weil die Notizen verloren gegangen sind.

Die Bay von Conception.

Am 16ten Januar 1824 naherten wir uns der Küste von Chili. Sie erhebt sich steil, aber nicht hoch über das Meer, und erstreckt sich fast wallförmig, von Süden nach Norden. Gleiche Richtung hat die Bay von Conception, die von einer knieförmig nach N. gekrümmten Halbinsel des Festlandes gebildet wird. Die Insel Guiriquina theilt den Ausgang der Bay in zwei ungleiche Hälften, und das Knie der Halbinsel wird von der Meeresbucht Port St. Vincent zerschnitten, so dafs nur ein schmaler Isthmus diese von der Bay scheidet. An letzterer liegt, auf dem Isthmus, der Hafenort Talcaguana, südöstlich von ihm, landwärts, die Stadt Conception, am Nordufer des Rio Biobio. An der Küste des Festlandes, welche die Bay begränzt, finden sich: südlich der Flekken Penco, und nördlich, der Insel Quiriquina gegenüber, Tomé. Zwischen der Stadt Conception und Penco nimmt der ansehnliche Rio Andalico, aus den östlich gelegenen Bergen des Festlandes kommend, mit einer Wendung nach Norden, seinen Lauf in die Bay.

Die Halbinsel ist eine, etwa 200 bis 300 Fufs hohe, stellenweise mit Gras dicht bewachsene Ebene, welche gegen die Bay steil, gegen das Meer und südlich gegen Port St. Vincent fast jäh abfällt, und längs dieser Seite mit Klippen besetzt ist. Die Abfälle sind mit Myrthen und anderem Gebüsch bewachsen, und von tiefen Schluchten zerschnitten. Die südliche Begrenzung der Bay, welche die Halbinsel mit dem Festlande verbindet, ist sumpfig und niedrig, nur einzeln ragen Hügel, wie Inseln, hervor. Das Land steigt aber auf der Rechten des Rio Andalico wieder an, und zieht, als ziemlich hohe und steile Ost-Begrenzung der Bay, nach Norden, wo, am Ausgange derselben, die Felswände schroff in das Meer hineinrücken. Mehrere Flufsthäler zerschneiden diese Küste, die daher bergig erscheint, und auch zahlreiche Klippen hat, so wie die Westküste der Halbinsel. Die Insel Quiriquina erstreckt sich, gleich der Halbinsel, von S. W. nach N. O., hat ebenfalls einen ebenen Scheitel, einen steileren West- als Ost-Abfall, und auf jener Seite Klippen. Zwei flache, dünenartige Inseln liegen zwischen Talcaguana und der Mündung des Rio Andalico, neben einander, an der Südküste der Bay.

Untersuchung der Halbinsel.

Ich ging von Talcaguana über die Anhöhen des Isthmus zur Meeresküste, folgte dieser nach Norden, so weit sie gangbar war, kletterte dann zur Scheitel hinauf, und kehrte auf der Ostseite der Insel, dem schmalen Strande folgend, wieder zurüde. Die Richtung meines Weges wurde zuerst durch eine Beobachtung, unweit Talcaguana, bestimmt. Ich fand hier einen glimmerigen Thonschiefer, dessen Schichten gegen N. O. fallen; ihr dennoch gegen N. W. gerichtetes Streichen mufste mir, wenn sich's nicht änderte, an der steilen Meeresküste ein gutes Felsprofil darbieten. Ein solches fand sich dort; überall das deutliche nordöstliche Einschiefsen der ungefähr 46 Grad geneigten Schichten, welche die Halbinsel quer durchsetzen, so dafs die Aufeinanderfolge der Felsen auf beiden Abdachungen sich gleich bleibt. Das Gestein ist an der West- wie an der Ostseite der Halbinsel, zum Theil dunkelgrauer, seidenartig glänzender, zum Theil weifslicher, Glimmer ähnlicher Thonschiefer, den Adern von Quarz durchziehen, und der mit drei bis acht Fufs mächtigen Lagern, eines Gemenges von Feldspath und Quarz, wechselt. Nach dem nordwestlichen Streichen der Felsen war anzunehmen, dafs die Klippen längs der Westküste aus demselben Gestein wie die Halbinsel bestehen, und wirklich wurden sie als Thonschiefer-Platten erkannt, die, mehr oder weniger über den Spiegel des Meeres hervorragend, unter sich parallel von S. O. nach N. W. streichen, aber durch Auswaschungen von einander und von den Felsen der Küste getrennt sind. Wie aufser der Stellung, auch die Beschaffenheit der letztern, in genauer Beziehung zu der Bildung der Klippen steht, ergiebt sich überdiefs noch daraus, dafs ihre Anzahl mit den Auszackungen der Küste zunimmt, und die meisten Klippen sich in der Nahe der Vorsprünge und Landspitzen finden. Die Küste ist nämlich dort am häufigsten gezackt, wo weiches Gestein mit festerem öfter wechselt; dieses widerstand den Angriffen der Fluthen, und bildet jetzt die in das Meer hinausragenden Spitzen und Klippen, da hingegen dort, wo das weichere Gestein zerstört wurde, Buchten und Busen entstanden.

Der Isthmus; Port St. Vincent; das Land südlich von der Bay; Rio Andalico und Penco.

Der Isthmus welcher südlich gegen Port St. Vincent steil abfällt, verflächt sich gegen das östlich angrenzende, niedrige Land. Auf der Südseite von Port St. Vincent wird die Küste wieder steil. Der vorhin beschriebene Thonschiefer ist, hier und in den diese Bucht begrenzenden Höhen des Isthmus, die herrschende Felsart; die Neigung des Schiefers, wie früher, meist gegen N. O., nur zuweilen gegen N. W., und unweit Talcaguana in stark gewundenen Schichten, mit Nestern von Quarz, gegen O. gerichtet. Auf derjenigen Seite des Isthmus aber, welche nördlich der Bay zugekehrt ist, lehnt sich grauer Sandstein an den Thonschiefer, der jenem also zur Unterlage dient. Dieser Sandstein, welcher Port St. Vincent auf der Ostseite einfafst, bis zu den Schieferbergen an seiner Südküste reicht, und die ganze Niedrigung zwischen der Bay und Rio Biobio bis Rio Andalico ausfüllt, besteht aus feinkörnigem Quarz, einzelnen schwarzen Hornstein-Trümmern, aus weifsen talkartigen Glimmerblättchen, und ist von kohlensaurem Kalk durchzogen, daher er stark mit Säuren braust. Schwarzbrauner Thon der hier und da Nester bildet, scheint durch Bitumen gefärbt zu seyn; auch finden sich kohleartige Flecken. Die Felsart kann also wohl, wie auch ihrem ganzen Ansehen nach, dem Steinkohlen-Sandstein beigezählt werden. Eine deutliche und bestimmte Schichtung wurde nicht gefunden. Die Felsen an der Bay sind nur stellenweise in Bänke getheilt, und diese liegen sowohl horizontal, als auch nach verschiedenen Rtchtungen geneigt. An dem Strande vor der Sandsteinküste lagen Porphyr-Gerölle.

Von Talcaguana bis zur Stadt Conception, und von dort bis zu den Anhöhen, von welchen der Rio Andalico herabkommt, findet sich nur der beschriebene Sandstein. Die ganze Landstrecke ist niedrig, und mit stehenden Gewässern bedeckt, von denen einige, die durchwatet werden mufsten, ziemlich tief waren. Vor Conception erhebt sich der Boden zu 60 und 70 Fufs hohen Hügeln, die sich N. O. zum Rio Andalico erstrecken, und ihn zu der nördlichen Wendung gegen die Bay nöthigen. Mit dem Eintritt in das obere, nach O. ansteigende Thal dieses Flusses, schwand der Sandstein, und es erschien Granit; grobkörnig, stellenweise angewittert, und der Feldspath zum Theil in Porzellanerde umgewandelt. Aus Granit bestehen auch die Berge, nördlich vom Rio Andalico nach Penco, wo, wie beim Thonschiefer, der Sandstein die untern Abhänge der Berge deckt. An der Mündung des Andalico geht er in Conglomerat über.

Die Insel Quiriquina und die Ostküste der Bay.

Wir landeten an dem Südostende der Insel, deren schmalem, östlichem Küstensaum ich bis an das Nordende folgte. Das überall steile Ansteigen dieser Seite der Insel nöthigte mich, fast bis zum Landungsplatz zurückzukehren, und die Scheitel der Insel zu erreichen, die ich eben und mit wildem oder verwildertem Hafer bewachsen fand. Nicht ohne Beschwerde steigt man an der Westseite hinunter, wo aber der Strand von jähen Felswänden, die in das Meer rücken, alsbald abgeschnitten wird. Den gröfsten Theil der Insel nimmt der graue Sandstein ein, welcher auf der Ostseite fast zu losem Sande aufgelockert, nur einzelne feste Lagen hat, die, mit einander parallel, gegen N. W. streichen; obgleich sie von einander getrennt sind. Derselbe Sandstein, welcher der Luft ausgesetzt, bröcklig oder zerfallen ist, hat sich an Stellen, die fortwährend vom Wasser bespült werden, fest und frisch erhalten, wie der Granit an der Bay von Rio de Janeiro. In der Nähe der Nordspitze von Quiriquina wird der Sandstein, der zuvor Geschiebe von schwarzem Hornstein einschliefst, conglomeratartig. Kugliche Sandsteinmassen, 3 bis 4 Zoll im Durchmesser, und Quarzstücke, die ein Kieselteig von grofser Härte und Festigkeit zusammenhält, bilden die Felsen, welche schroff und zackig aus dem Meere aufsteigen. Dem Conglomerate folgt, weiter gegen Norden, schwarzer Thonschiefer, hier und da schwarz abfärbend, und dadurch dem Zeichenschiefer sich nähernd. Ueber die Stellung der Felsen gegen einander und gegen das Conglomerat, lafst sich hier nichts aussagen. Gewaltsame Zerstörungen scheinen die Schieferschichten durch einander geworfen zu haben. Den gewünschten Aufschlufs erhält man auf der Westseite der Insel. Hier ist der Thonschiefer, wie auf der benachbarten Halbinsel, gegen N. O. geneigt, der Sandstein übergreifend und abweichend auf ihm gelagert. Nur an einer Stelle ruhte der Thonschiefer auf dem Sandstein, aber durchaus unregelmäfsig, also wahrscheinlich in Folge einer Stürzung.

Wir fuhren von Quiriquina nach Tomé. Ich folgte der Küste an welcher dieser Ort liegt, zuerst nördlich, so weit sie zugänglich war, dann südlich bis Penco.

Die Anhöhen unweit Tomé bestehen aus Thonschiefer, der fast aufrecht steht und nach N. W. streicht. Wo er sich neigt, ist das Einschiefsen N. O. Dem Thonschiefer folgt, ohne bestimmbare Auflagerung, gegen N. der graue Sandstein. Er hält auch südlich von Tomé eine Strecke weit an, aber die Klippen langs diesem Theil der Küste bestehen aus Thonschiefer, der gleichfalls nach N. O. einschiefst, so dafs nicht zu verkennen ist, wie der Sandstein hier nur seine Ausgehenden verdeckt. Ein kleines Thal, welches südlich von Tomé gegen die Bay ausläuft, scheidet Sandstein und Thonschiefer von einander; jener nimmt die rechte, dieser die linke Thalseite ein, so dafs er den Sandstein unterteuft. Wie auf Quiriquina, lagen Kugeln eines festeren Sandsteins in ihm, von denen einige zwei Fufs im Durchmesser hielten. Auch fand ich in Sandstein verwandelte Baumstämme, ein Paar von ihnen über sechs Fufs lang, fast wie Basaltsäulen gegliedert, stellenweise mit den, gleichfalls in Sandstein verwandelten Kernen von Turbiniten (wie es schien) besetzt, und einzelne Streifen des Stammes in Braunkohle oder bituminöses Holz übergehend. Der Sandstein hält von dem Thal bis Penco ohne Unterbrechung an, doch bestehen auch hier die Klippen aus Thonschiefer. In dem kleinen Thal welches sich bei Penco gegen die Bay öffnet, fand ich oberhalb dünnflaserigen, gewundenen Gneus, der sehr verwittert war, und aus einem Gemenge von feinkörnigem Feldspath mit dunkelbraunen, auch talkartigen, weifsen Glimmerblättchen bestand. Schichtung und Lagerung konnten nicht bestimmt werden. Dem Gneus folgt, weiter östlich, ein grobkörniger Granit, der die gröfseren Höhen einnimmt, und mit dem Granit am obern Rio Andalico zusammenhängt.

Die wenigen Tage welche wir in der Bay von Conception zubrachten, reichten eben hin, die Umgebungen derselben kennen zu lernen; wenn wir aber auch länger hier verweilt hätten, das Innere des Landes blieb mir, durch die dort herrschenden bürgerlichen Unruhen, dennoch verschlossen.

Uebersicht der geognostischen Beschaffenheit des untersuchten Bezirks.

1) Die herrschenden Felsarten sind: Thonschiefer, Sandstein und Granit. Dieser erstreckt sich nicht über die Küste des Festlandes hinaus; die anderen beiden bilden die Umgebungen der Bay.

2) Der Thonschiefer hat nordöstliches Einschiefsen, und streicht von S. O. nach N. W., die Bay von Conception ist demnach ein Querthal; die Thäler: bei Tomé; zwischen diesem Ort und Pencò; dann bei Penco selbst; der obern Andalico; die Buchten und Einschnitte der Ostseite von Quiriquina und der Westseite der Halbinsel sind Längenthäler, denn sie liegen in der Streichungslinie der Schiefer.

3) Der Granit liegt auf der Südostseite der Bucht, er bestimmt also das Einschiefsen der Schiefer nicht, welche die Halbinsel zusammensetzen und südlich von Port St. Vincent vorkommen. Verlängert man ihre Streichungslinie gegen S. O., so erscheint der Granit als mächtiges Lager zwischen den Schiefern, südlich von Port St. Vincent (wenn man sich diese gleichfalls nach S. O. fortsetzend denkt) — und den Schiefern an der Ostseite der Bay und auf der Halbinsel. Da sich aber in letzterer kein Granit findet, so mufs er sich entweder zwischen den Schiefern auskeilen, oder in diese sich verlaufen, wofür die Lager von gemengtem Quarz und Feldspath sprechen, die auf der Halbinsel vorkommen, und in ihrer Längenerstreckung den Granit treffen würden.

4) Der Sandstein liegt übergreifend und abweichend auf dem Thonschiefer; seine westliche Grenzlinie trifft die Westküste von Quiriquina und den Isthmus von Talcaguana; seine östliche Grenzlinie läuft von Conception über Penco nach Tomé. Weiter nach O. erscheint Granit; über die Westgrenze hinaus, blos Thonschiefer. Dieser tritt, auch dort wo der Sandstein herrscht, an den Küsten, und in Klippen hervor, nämlich auf der Westseite von Quiriquina und zwischen Penco und Tomé.

5) Die Bay von Conception ist neuerer Entstehung als der Sandstein, denn, wie die Beschaffenheit der Küsten bezeugt, entstand sie durch die Zerstörung desselben, und diese hat alle gegen Westen gerichteten Küsten,

selbst die der Halbinsel die keinen Sandstein enthält, am stärksten aber das Nordende der Insel Quiriquina angegriffen.

6) Der niedrige Landstrich südlich von der Bay, war ehemals ganz vom Wasser bedeckt, sie hing also nach Süden mit dem Meere zusammen; die jetzige Halbinsel war demnach ganz vom Festlande getrennt, und der Isthmus von Talcaguana ihr südliches Vorgebirge.

O-Tahiti,

Am 7ten April 1824 ankerte das Schiff an der Nordküste in der Matawaï-Bay. Die Insel erscheint als Ein hoher Berg. Aus den Seiten ragen schwarze Felsenreihen zwischen dem Grün der Thäler hervor, und laufen in einen Doppelgipfel: Oruhenna und Pitohiti, zusammen. Siebenzig Seemeilen von O-Tahiti erkennt das unbewaffnete Auge den Oruhenna deutlich, dessen Erhebung über das Meer die Missionäre auf 10000 Fuſs angaben.

Zwei Tage sollte unser Schiff hier verweilen; zu einer Reise in das Innere der Insel war also keine Aussicht, und ich glaubte mich auf ein Paar wenig genügende Excursionen längs der Küste und in benachbarte Thäler beschränken zu müssen, da verkündete Herr v. Kotzebue er wolle die Abreise noch einige Tage verzögern, damit die Wanderung in das Innere der Insel unternommen werden könne. Sogleich wurden, gegen die billige Vergütung von Einem Hemde, vier Eingeborene: Maitite, Tauru, Teiraro und Tibu, als Führer gedungen.

Der Nachricht von dieser Reise gehe hier die Beschreibung der Küste voran. Sie bildet längs der Matawaï-Bay einen breiten Saum von geringer Erhebung, mit Brodfrucht-Bäumen, Cocos-Palmen und zahlreichen Menschen-Wohnungen besetzt. Der Boden ist fruchtbare Dammerde, aber der Strand schwarzer Sand, mit Olivin-Körnern gemengt, die ihm im Sonnenlicht einen eigenen Schiller geben Auch die Ost-Begrenzung der Matawaï-Bay, das Cap Venus, eine schmale Landzunge, ist sandig. An der Westseite der Bay tritt aber, zwischen ihr und der angrenzenden Bucht Arue, ein jähes Vorgebirge ins Meer hinein. Es besteht aus einem weichen, gelbbraunen Gestein, mit weifsen, trafsähnlichen Flecken, eingesprengtem Olivin, und hat eine Menge kleiner Höhlungen, die mit mikroscopischen Apophyllith-Krystallen ausgekleidet sind. Die Bänke der unvollkommen geschichteten Masse neigen sich am Fufse O. S. O., oben S. O., etwa 20 Grad gegen den Horizont. Auf ihr liegt rother Lehm, der wieder von Basalt gedeckt wird. Dieser durchzieht auch gangartig die gelbbraune Masse, aus welcher er, der Verwitterung besser widerstehend, als letztere, in mauerähnlichen Wänden hervorragt. In einem dieser Basaltgänge befindet sich eine Höhle, von deren Decke Kieselsinter-Stalaktiten herabhingen; längs den Wänden tröpfelte Wasser.

Der Matawaï-Flufs, welcher sich in der Nähe der Bay mit einigen anderen Flüssen vereinigt, kommt aus Süden. So weit ich sein Thal aufwärts verfolgte, sah ich nichts als Basalt, zum Theil schwärzlich grau, blasig, und feine Körnchen, oder faustgrofse Nester von Olivin enthaltend; zum Theil conglomeratartig und porös, oder auch dicht, schwarz, mit der Anlage zum Schiefrigen, und mit eingesprengten Hornblende- und Augit-Krystallen. Basalt-Mandelstein, dessen Höhlungen Nadelstein und Chabasie enthalten, kommt hier gleichfalls vor. In einigen Höhlungen findet sich trapezoedrischer Analzim. Der schwarze Basalt ändert stellenweise seine Farbe, wird ziegel- oder braunroth, ist dann porös, und enthält Augit-Krystalle. Alle Abänderungen des Gesteins liegen, ohne Uebergänge, auf, neben, und in einander. Die Anlage zur säulenförmigen Absonderung war an einigen Felsen deutlich zu erkennen.

Das Matawaï-Thal steigt sehr stark an, der Fluſs hat daher einen raschen Lauf und wenig Wasser; nach Gewitterregen schwillt er an und wird reiſsend. Nur an seinem Ausgange erweitert sich das Thal, und ist gut angebaut, d. h. mit Brodfrucht-Bäumen und Cocos-Palmen bepflanzt. Oberhalb rücken die Gehänge immer näher zusammen. Sie sind, fast bis oben hin, mit Bäumen und Gebüsch bewachsen, und von zahlreichen Wasserfällen belebt. Ein Strahl stürzte nur zwei Fuſs breit an einer 80 Fuſs hohen Wand senkrecht herab.

Der See Wahiria, im Distrikt Wejoride.

Die Eingebornen rechnen von der Matawaï-Bay bis zum See und zurück vier Tagereisen; hat man aber günstiges Wetter und beeilt sich, so wird die Reise in drei Tagen zurückgelegt. Wo möglich wähle man die trockne Jahreszeit, weil beim Regen die stark anschwellenden Flüsse mehrere Tage aufhalten können. Mit wenigeren als zwei Führern unternehme keiner die Reise, nicht aus Besorgniſs vor den Eingebornen, die in ihrer gutmüthigen Sorglosigkeit wohl niemandem gefährlich sind, sondern wegen der Beschwerden einer Wanderung durch ungebahnte Wälder und längs jähen Abgründen. Der Sorge um den Unterhalt überhebt die Gastfreundlichkeit der Eingebornen, in deren zwar einzeln zerstreuten, doch selten weit auseinander liegenden Hütten, reichlich Nahrungsmittel: Schweine, Brodfrucht, Cocos, und Erfrischungen: Ananas, Bananen, Apfelsinen, Citronen, Goldäpfel u. s. w. gefunden werden. Nur versehe sich der Reisende mit Wein oder Rum, zur Erwärmung in der beträchtlich kühleren Luft der Berge, und zur Stärkung, wenn die drückende Hitze der Thäler, die Kräfte erschöpft. Wer seinem Wirth für die genossene Gastfreiheit sich dankbar bezeigen will, erreicht seinen Zweck am besten durch ein Geschenk an Messern, und bunten, baumwollenen Schnupftüchern.

Am 11ten April trat ich meine Wanderung an; versehen mit einem Barometer, einem Thermometer, und einer in Toisen abgetheilten Linie, zum Sondiren des Sees. Das Wetter war heiter, die Wärme 32 Grad Cent. in der Sonne, 28 Grad im Schatten. Wir wandten uns zuerst O. g. S., dem Küstensaume folgend, der aus schwarzem Sande, mit Olivin- und grobem Basalt-Gerölle besteht. Ein hoher, steiler Felsrücken, der bis in das Meer ausläuft, schneidet den Weg ab; wir gehen deshalb nach S., ersteigen den Basaltfelsen, gelangen auf der anderen Seite durch einen Wald von Brodfrucht-Bäumen in ein groſses Dorf, an einem Bach, der wenigstens zweimal so breit als der Matawaï-Bach, und angeblich der gröſste der Insel, aus S.W.S. kommt, um sich ins Meer zu ergieſsen. Sein Thal ist bei dem Dorfe, und eine Strecke oberhalb, ziemlich breit, doch sind die Thalseiten steil. Unser kaum fuſsbreiter Pfad windet sich an einer ihrer Felswände hin, die zu unserer Rechten eben so schroff ansteigt, wie sie zur Linken jäh in die Tiefe stürzt. Der Gang wäre für Ungeübte miſslich, wenn nicht Gebüsch den Abgrund verdeckte, und wo der Fuſs gleitet, zum Anhalten diente. Doch geht es auf dieser Seite des Thals bald nicht weiter; man muſs hinunter, muſs den Bach durchwaten, um die linke Thalseite zu gewinnen, und so fortwährend hinüber und herüber. Meinen Begleitern, die nach Landessitte bis auf den Schurz nackt waren, verursachte das keine Unbequemlichkeit, ich aber konnte mich nicht entschlieſsen ihrem Beispiel zu folgen; doch wollte ich die Nacht nicht in nassen Kleidern zubringen, also übergab ich sie meinen Führern, und ging im Hemde. Gebüsch und scharfes Gras zerkratzten mich zwar nicht wenig, doch war diese Beschwerde minder lästig, als die Schmerzen in den verwundeten Fufssohlen, die, nachdem die Schuhe unbrauchbar geworden waren, durch lederne Handschuhe, welche ich statt Sandalen unterband, nur schlecht gegen die spitzigen Steine geschützt wurden. Wo wir den Bach anfänglich durchwateten, reichte mir das Wasser bis an die Brust, und rifs mich durch seinen raschen Lauf um, so dafs ich mich an einen Führer halten mufste; doch nach einiger Uebung konnte ich mir selber helfen, besonders da die Tiefe oberhalb abnahm.

Obgleich die Sohle des Thals stark ansteigt, werden doch seine Seiten nicht niedriger, sondern höher. Sie ragen vielleicht 2000 Fufs über den Bach hervor, sind steil, fast überall bewachsen, und bestehen ganz aus Basalt, dem des Matawaï-Thals in allen Abänderungen ähnlich. Auch an ihm ist bestimmte Absonderung selten, dafür aber stellenweise um so ausgezeichneter. An einer etwa 100 Fufs entblöfsten Felswand sind aufrechte, drei- und fünfseitige Säulchen, die nur ein Paar Zoll im Durchmesser halten, in Pfeilern zusammengestellt, die nur zur Hälfte an der Felswand hervortreten, durch Bogen mit einander verbunden werden, und einem gothischen Säulengange in halberhobener Arbeit ähnlich sehen.

In der obern Hälfte des Thals finden sich, zwischen dem Gerölle welches zuvor blofs Basalt enthält, auch Trümmer von Porphyrschiefer und Syenit. Jener hat Krystalle von glasigem Feldspath, dieser nadelförmige Krystalle von Hornblende. Die Syenit-Trümmer nehmen weiter aufwärts an Gröfse und Anzahl zu, und verdrängen endlich das Gerölle von Basalt gänzlich, obgleich dieser auch hier das einzige anstehende Gestein ist.

Das Erscheinen des Syenits liefs mich interessantere Beobachtungen, als die bisherigen, hoffen. Auch erweiterte sich jetzt das Thal zu einem Kessel, von dessen Rande überall Wasserfälle mit starkem Getöse senkrecht hinunterstürzten; ein herrliches Schauspiel, bei dem ich gern länger verweilt hätte! Wir folgten unserem Bach aufwärts bis Ennapao; so heifsen einige Hütten, bei denen wir am Nachmittage des zweiten Tages anlangten. Sie sind die letzten Menschen-Wohnungen vor dem Wahiria-See. Er konnte vor Nacht nicht erreicht werden, diese sollte aber, nach der Versicherung meiner Begleiter, in der bedeutenden Höhe zu kühl seyn, um unter freiem Himmel zu ruhen, also mufsten wir in Ennapao bleiben.

Es vereinigen sich hier zwei Bäche, von denen der eine aus S. W. S. kommt, und Tuaimea, der andere, welcher aus S. O. S., aus der Gegend des Sees kommt, Tewaiawa genannt wird. Den Oruhenna sieht man in W. von Ennapao. Ueberall liegen hier grofse, scharfkantige Blöcke von Syenit und körnigem Grünstein, doch war anstehender Fels nicht zu finden. Sollten diese Blöcke ähnlicher Entstehung seyn, wie die grofsen Trümmer von unverändertem Feldspath und gemeiner Hornblende, welche Herr v. Buch auf der Insel Palma, in dem Baranco de las Angustias sah? Nach der Schilderung, die der berühmte Geologe von dieser Insel giebt, ist O-Tahiti ihr in der Bildung ähnlich. Der Basalt beider Eilande scheint von gleicher Beschaffenheit zu seyn; die Thäler sind, hier wie dort, tief eingeschnitten, und ungeachtet der stark ansteigenden Sohle bleiben ihre Seiten doch hoch, so dafs sie nicht gewöhnlichen Flufsthälern, sondern Spalten vergleichbar werden. Zwar fand Herr v. Buch auf Palma Trachyt anstehend, der auf O-Tahiti zu fehlen scheint; aber der Porphyrschiefer mit Krystallen von glasigem Feldspath, vertritt vielleicht auf O-Tahiti den Trachyt. Unsere Syenit- und Grünstein-Blöcke sind gewifs mit Herrn v. Buch's primitivem Gestein auf Palma von gleicher Beschaffenheit; sollte man sie demnach nicht auch als empor gehobene Trümmer von Grundfelsen ansehen dürfen, die der sie durchsetzende Basalt zerstörte? Herr v. Buch machte die Beobachtung, welche ihm über sein primitives Gestein Aufschlufs gab, dort wo der Baranco sich schnell gegen den Rand der Caldera erhebt, also mufste ich an dem See Wahiria, der in einem tiefen Kessel liegen, und von dessen Rande das Tewaiawa-Thal aussenden sollte, die Antwort auf jene Frage erwarten. Am folgenden Morgen brach ich dorthin auf.

Die Temperatur der Luft war zu Ennapao am Abend = 27,7 Grad Cent., die des Baches = 23,5 Grad; am Morgen, vor Sonnenaufgang, die Luft = 19,8 Grad, das Wasser im Bach = 20,5 Grad.

Von Ennapao bis zum Wahiria-See schwindet jede Spur eines Weges; wir wateten entweder in dem Flufsbette, oder einer der Führer ging voran, und öffnete mit seinem Knittel einen Gang durch das Gebüsch. Zu meiner nicht geringen Betrübnifs zeigte sich jenseits Ennapao weder vom Basalt noch vom Grünstein eine Spur. Das Thal stieg, gleich dem oberen Ende des Baranco auf Palma, sehr stark an, und der ganze Bach wurde fast Ein Wasserfall. Nach zweistündigem, mühsamem Marsch verliefsen wir den Bach, erstiegen, nach S. W. gewandt, seine linke, sehr steile Thalseite, bis zu einer kesselförmigen Schlucht, die sich gegen das Thal öffnet, und an den drei andern Seiten von schroffen Felswänden eingeschlossen wird. Den Boden des Kessels füllte ein Sumpf, mit zahlreichen Pandanus, und baumartigen Farrenkräutern, die bei einem Durchmesser von wenigen Zollen, gegen 20 Fufs Höhe erreichten. Es klettert sich gar gut an ihnen hinauf, wie ich selbst erprobte, indem der überraschende Angriff eines wilden oder verwilderten Schweins, mir, trotz der grofsen Ermüdung, eine ungewöhnliche Behendigkeit verlieh. Ein Bergsturz, der eine Basaltwand von etwa 1000 Fufs Höhe aufgedeckt, und den Boden des Kessels zum Theil mit Felstrümmern überschüttet hatte, gab ihm aus der Ferne das Ansehen eines gepflügten Ackers.

Wir mufsten eine der steilen Seiten des Beckens ersteigen. Es konnte nur im Zickzack und mit Hülfe der Bananen geschehen, an welche wir uns hielten. Endlich auf dem, hier nur 4 bis 6 Fufs breiten Rande des Kessels angelangt, erblickte ich zu meinen Füfsen den Wahiria in der Tiefe eines anderen Gebirgskessels. Der See erschien von der Höhe klein; Umgebung und Ferne waren reitzend. In N. W. erhob der Oruhenna sein zweigipfliges Haupt, in S. schlug das Meer an die Küste von Tiarrabu, und rund umher wechselte schwarzer Fels mit grünen Thälern.

Unser Standpunkt war der niedrigste Theil des Wahiria-Beckenrandes, und doch 1303 Fufs über dem Spiegel dieses Sees, der 1300 Fufs über dem Meere liegt, dessen Thalsohle von S. nach N. seine Längenerstreckung hat, und am Nordende einen Sumpf enthält, durch welchen von den angrenzenden Bergen ein Bächlein sich in den See ergiefst. Gegen W. und O. berührt derselbe die Felswände seiner Umgebung unmittelbar, gegen S. treten sie ein wenig weiter zurück.

Während ich das Barometer abkühlen liefs und beobachtete, hatten meine Führer einige Bananen-Stämme abgebrochen und zum See gebracht, damit sie uns das Schwimmen erleichtern sollten. Wir folgten, jeder mit seinem Bananen-Stamm unter dem Arm, zuerst dem Bach, der nur bis an den Gürtel reichte. Wo er sich aber in den See mündet, schwindet plötzlich der Grund. Eine volle Stunde schwammen wir im See umher, dessen Tiefe ich unweit des Ufers 11 Toisen, in der Mitte meist 14 bis 15; nie über 17 Toisen fand. Der Wahiria mag 3 Werst im Umfange halten, und hat keinen Abflufs, auch nicht unterirdisch, denn unsere Bananen-Stämme die wir in der Mitte zurückliefsen, rührten sich nicht von der Stelle. Der See verliert also wohl einen Theil seines Wassers durch Verdunstung; wofür auch der Sumpf an seinem Nordende zeugt, denn deutlich erkennt man daſs er bei periodisch höherem Stande des Sees überschwemmt wird.

Aus dem hier Mitgetheilten ergiebt sich, daſs Wilson über den Wahiria mangelhafte Nachrichten eingezogen hatte. Nach diesen sollte sich der See durch das Thal Weioride ergieſsen, also einen Abfluſs nach Süden in das Meer haben; es ist aber gewiſs, daſs sein Kessel hier von noch höheren Felswänden begrenzt wird, als auf der Nordseite. Ferner sollte er mit den Schnüren der Eingebornen nicht zu ergründen gewesen seyn, was nur richtig ist, wenn diese Schnüre für die Tiefe von 17 Faden zu kurz waren. An den Ufern des Sees, sagt Wilson, haben sich viele Eingebornen angebaut, die, mit Ausnahme der Brodfrucht, deren Stelle die Berg-Banane vertritt, alle Arten von Lebensmitteln im Ueberfluſs haben. Ich fand dagegen die ganze Strecke von Ennapao bis zum See und dessen Thal selbst, nicht nur völlig unbewohnt und ohne Spuren ehemaligen Anbaues, sondern erkannte auch, daſs Ansiedelungen unmöglich sind, hier wo entweder steile Felswände unmittelbar den See umgeben, oder Sumpf ihn begrenzt.

Denken wir uns den Kessel des Wahiria und den nördlich angrenzenden, durch welchen mich mein Weg zu ihm führte, bis obenzu mit Wasser gefüllt, so würden beide an der Stelle wo ich ihre schmale Scheidewand überschritt, zusammenhängen, und in das Thal des Tawaiawa ergieſsen. Hiermit soll keinesweges die Hypothese gewagt werden, als habe ein solcher Zusammenhang ehemals wirklich statt gefunden; nur die Lage, die Begrenzungen und Formen dieser Tiefen, soll dadurch anschaulich gemacht werden. Sind aber die beiden Kessel: Erhebungs-Krater, wie sie Herr v. Buch auf den

Canarischen Inseln, und besonders deutlich auf Palma sah? Es scheint mir aufser Zweifel! Aber die Frage, ob die grofsen scharfkantigen Blöcke von Syenit und Grünstein um Ennapao, wirklich aus dem Grunde der Insel losgerissen und empor geschleudert worden, oder ob der Syenit irgendwo auf der Insel anstehe? Diese Frage beschäftigte mich, und liefs mich, gleich nach beendigter Untersuchung des Wahiria, zurück nach Ennapao eilen, um von dort, wo möglich in dem Thal von Tuaimea, den gewünschten Aufschlufs zu suchen.

Sehr ermüdet langte ich am Abend desselben Tages, an welchem ich von Ennapao ausgegangen war, dort wieder an. In der Nacht zog ein starkes Gewitter auf; der Regen fiel in Strömen. Doch konnten wir am andern Morgen aufbrechen; aber meine Führer weigerten sich, weil sie es für Entheiligung des beginnenden Sonntags hielten, wenn sie sich von der Stelle rührten. Vergebens waren alle Künste der Ueberredung, vergebens war die Vorstellung, dafs durch den anhaltenden Regen der schon angeschwollene Bach weiter austreten, und gar nicht zu passiren seyn würde! Maitite, der einzige meiner Begleiter, mit dem ich mich durch einige Worte Englisch verständigen konnte, erklärte: die Missionäre würden dem Könige die Entheiligung des Sonntags anzeigen, und die Schuldigen gehangen werden. Ich mag nicht entscheiden, ob diese Besorgnisse, oder das zum Sonntag zubereitete Schwein, am stärksten auf meine Begleiter einwirkten, genug ich mufste mir's gefallen lassen, einen ganzen Tag in einer schmutzigen Hütte unter Hunden und Schweinen zuzubringen, und die mir so genau zugemessene Zeit zu verlieren. Zwar versuchte ich allein in dem Tuaimea-Thal fort zu kommen, allein doch nur eine kleine Strecke weit vermogte ich es ohne Führer. Der Flufs scheint sich vom Oruhenna herab zu winden. Die Syenit-Blöcke nehmen dorthin an Gröfse und

Anzahl zu; weiter oberhalb würde sich also wohl die gewünschte Beobachtung über das Verhalten des Syenits zum Basalt anstellen lassen; doch diese Freude sollte mir nicht zu Theil werden! Da meine Führer endlich, am Montag früh, sich in Bewegung setzten, mufste ich zurück nach Matawaï eilen, denn schon war ich einen Tag über den mir bestimmten Termin ausgeblieben.

Das Wetter hatte sich bereits am Sonntag Abend aufgeklärt, und am Montag früh der ausgetretene Bach sich zurückgezogen; doch mufste ich jetzt an Stellen schwimmen, wo das Wasser mir auf der Hinreise nur bis an den Gürtel reichte, und die Strömung war so stark, dafs sie mich zuweilen wohl 100 Schritt weit abwärts führte. Meine Begleiter schwammen dagegen mit Leichtigkeit hinüber, obgleich diejenigen, welchen ich Barometer und Kleider anvertraut hatte, die Hände nicht gebrauchen konnten.

Am Tage nach meiner Rückkunft lichteten wir die Anker.

Barometermessungen.

Meeresufer	762,4 Mill.	— 28,0° C.	} 1300 Fufs par.	
Wahiria-See	724,9 —	— 24,5° C.		
Beckenrand des Sees	689,5 —	— 24,3° C.	} 1303 — —	
			2603 Fufs über dem Meer.	

Kamtschatka.

Wir erblickten am Anfange des Junius 1824 die Süd-ost-Küste von Kamtschatka zum ersten Mal. Kegelberge ragen hier über einen zackigen Gebirgsrücken in die Wolken. Ueberall nichts als Schnee und Eis, nur von nacktem Fels unterbrochen. Der Winter schien hier für immer seinen Sitz aufgeschlagen zu haben, bis, mit der Annäherung an das Land, einzelne grüne Flecken, Gruppen des kamtschatkischen Rhododendron, aus dem eintönigen Weifs hervortraten, und die Hoffnung auf die Rückkehr des Sommers wieder belebten. Aber freilich waren diese seine Vorboten noch nicht geeignet, die Besorgnifs zu verdrängen, dafs er für den mir verstatteten Aufenthalt am Lande zu spät eintreten dürfte, um das Gebirge bereisen zu können.

Die öde Landschaft erstreckt sich gegen N. bis zur Mündung der Awatscha-Bay. Die Einfahrt ist nur eine halbe Seemeile breit, von steilen Felswänden in S. W. und N. O. begrenzt, und nach N. W. in das weite Bekken führend, von dessen zahlreichen Buchten eine der kleinsten, der Einfahrt gerade in N. liegend, den Hafen St. Peter und Paul bildet. Er gehört derjenigen Küste an, welche die Bay gegen N. O. begrenzt, in S. O. bei der Leuchtthurm-Spitze am Meere beginnt, und gegen N. W. bis zur Mündung des Awatscha-Flusses reicht. Von hier tritt die Küste gegen W. weit in das Land hinein, und bildet den Busen, der den Paratunka-Bach aufnimmt. Dann wendet sie sich zuerst gegen S., nachher gegen O., und umfafst den Busen von Tarinsk, der durch eine schmale, nordwestlich gerichtete Halbinsel, von der Bay geschieden wird.

Die Südseite der Bay ist gebirgig bis zum Paratunka-Bach, von wo die Höhen nach N. W. landwärts ziehen. Sie sind die Fortsetzung des Gebirges, welches wir an der Südost-Küste zuerst erblickten, und den südlichen Gebirgszug nennen wollen. Die vielen Felsenzakken welche aus ihm hervorstarren, beherrscht der etwa 9000 Fufs hohe Berg, Wiljutschinskaja Sopka, angeblich ein Vulcan, dessen Spitze das ganze Jahr hindurch Schnee tragen soll. Er liegt S. W. von der Bay, unfern der

Meeresküste. Die Nordost-Begrenzung der Bay hat nur vom Meere bis zum Hafen einige niedrige Berge. Den übrigen Theil der Bay umgiebt Flachland bis zu dem Fuſs des südlichen Gebirgszuges.

Der Hafen St. Peter und Paul, welcher wegen seiner Tiefe die gröſsten Schiffe aufnehmen kann, gewährt ihnen durch seine Umgebung eine völlig sichere Lage. Er ist von S. nach N. gerichtet, auf der Westseite durch eine 200 Fuſs hohe Landzunge, auf der Ostseite durch die 500 Fuſs hohe Küste der Bay, und gegen S. durch einen Vorsprung dieser Küste begrenzt, der die Einfahrt bis auf wenige Toisen, verengt. Der Ort St. Peter und Paul, die Hauptstadt der Halbinsel Kamtschatka, liegt an dem Nordende des Hafens, wo sich von N. her ein Thal öffnet, an dessen Ausgange ein See liegt. Weiter gegen N. erblickt man den Vulcan Strelotschnaja Sopka.

Bei unserer Ankunft lag noch Schnee auf den Bergen am Hafen, doch grünten die Birken aus ihm hervor, und in wenigen Tagen hatte üppig aufschieſsendes Gras ihn ganz verdrängt. Ich eilte hin, fand aber keinen Fels, denn ein dichtes Gewebe von Zwerg-Cedern und niedergedrückten Erlen verdeckte ihn. Das erste Gestein zeigte sich am Ostufer des Sees, nördlich vom Hafen. Thonschiefer steht hier an, der gegen S.W.S., W. g. S. und W.S.W. sich neigt, und Lager von gestreiftem Jaspis einschlieſst. Auf dem Thonschiefer ruhen grüne Schiefer, die des Hafens westliche Begrenzung bilden, und folgenden Wechsel zeigen: auf grünem Schiefer liegt Wetzschiefer, auf ihm Hornstein, Jaspis, dann Hornstein und Quarz; hierauf in umgekehrter Ordnung: Hornstein, Hornstein-Jaspis, Wetzschiefer und grüner Schiefer. Die Schichten sind selten über einen Fuſs mächtig, und setzen, nordwestlich streichend, quer durch die Landzunge. Unter dem Schiefer findet sich auch ein verwitterter, von ausgeschiedenem Mangan schwarz gefärbter Porphyr, mit der Anlage zur schiefrigen Absonderung. Auf der Westseite der Landzunge ist das Einschiefsen der Schiefer sehr veränderlich, doch im Allgemeinen immer gegen S. W. Stellenweise geht der grüne Schiefer in körnigen Grünstein über, und es zeigt sich keine Schichtung.

Vom Hafen St. Peter und Paul nach Bolscherezk, an der Westküste von Kamtschatka.

Begleitet von einem kamtschatkischen Kosacken, versehen mit dem Befehl an die Tajon (Dorfaufseher) mir behülflich zu seyn, begab ich mich auf den Weg. Mein Gepäck wurde zu Wasser oder zu Rofs fortgeschafft, und auch wohl von Kamtschadalen, deren ich drei und vier als Führer mit hatte, getragen.

Ich ging an dem westlichen Ufer des Sees vorbei, wo gleichfalls Thonschiefer ansteht, der W. g. S. u. W. einschiefst. Ihm folgt schiefriger Grünstein mit fein eingesprengtem Eisenkies. Gegen W. wird das Schiefergefüge undeutlich, und es erscheint körniger Grünstein. An der Nordküste der Bay, welcher ich nach N. W. folgte, liegen, aufser den Blöcken dieses Gesteins, auch Blöcke von Porphyr und von porösem Graustein (Werners) durch Hornblende-Krystalle porphyrartig. Das Ufer der Bay wird bald unzugänglich, wegen des sumpfigen Bodens, und der Weg führt landwärts durch mannshohes Gras und schöne Birkenwälder nach Awatscha, einem russischen Dorfe von 15 Häusern, das an der Mündung des gleichnamigen Flusses, 12 Werst vom Hafen entfernt ist. Die nächsten Umgebungen bestehen aus körnigem Grünstein. Der Flufs war durch das Schmelzen des Schnees angeschwollen und reifsend. An seiner Nordseite breitet sich Flachland aus, durch welches der Weg nach Choraka, einem Dorfe 50 Werst oberhalb Awatscha, führt. Da ich in der Grasebene keine mineralogische Ausbeute hoffen durfte, zog ich vor, den Flufs

25 Werst weit, bis Staroi Ostrog hinauf zu fahren, und vertraute mich einem kamtschatkischen Boote, d h. einem ausgehöhlten Baumstamm an, der mit Stangen fortgestofsen wurde.

Der Awatscha-Flufs kommt aus N. W. N., windet sich aber vielfach. Fels war nirgends zu sehen, wahrscheinlich des hohen Wassers wegen. Auf der rechten oder Südwest-Seite des Flusses, den ich bei Staroi Ostrog verliefs, führte mich mein Weg durch ein buschiges Thal. Ueber dessen niedrigem Gehänge erschienen Wiljutschinskaja Sopka und die Gipfel des südlichen Gebirges, welches wahrscheinlich Granit und Syenit enthält, da der Flufs den es nach Choräka sendet, von diesen Gesteinen eine Menge Gerölle führt. In den zahlreichen Bächen welche man zuvor passirt, und die aus den näher gelegenen Bergen kommen, fehlt solches; nur schiefriger Grünstein war hier sichtbar, gegen W. S. W. geneigt, und durch Verwitterung stellenweise geröthet.

Von Choräka, wo ich am Abend des zweiten Tages spät eintraf, und bei dem Tajon eine freundliche Aufnahme fand, ritt ich am folgenden Morgen nach dem 44 Werst entfernten Dorf Natschika. Der Weg führt zuerst gerade nach W., über ein ebenes, buschiges Land, dann in ein weites Thal, dessen Flufs uns entgegen kam, und sich oberhalb Choräka in den Awatscha ergiefst. Der südliche Gebirgszug rückt in seinem nordwestlichen Streichen dieser Gegend immer naher; ich beschlofs daher, ihn von Natschika aus zu bereisen. Erst nachdem ich 20 Werst zurückgelegt hatte, fand sich auf der Nordseite des Flusses an welchem wir hinaufritten, Felsentblöfsung. Porphyrschiefer von grauer Farbe und mit eingesprengten Krystallen von glasigem Feldspath, ragte aus dem Gipfel eines Berges hervor, und war in unregelmäfsige Platten abgesondert. Er liegt dem zwischen Staroi Ostrog und Choräka gefundenen schiefrigen Grünstein im Hangenden;

ob er aber deshalb auf ihm ruht, blieb unentschieden, da in der weiten Strecke, von dem einen zum andern Beobachtungspunkt, kein Fels erscheint. Jenseits des Porphyrschiefers, gegen W., ändert sich der Character der Landschaft, so wie man durch einen Engpafs in das Thal des, hier nach N. fliefsenden, obern Awatscha- oder Choräka-Flusses tritt. Statt des hohen Grases, durch welches wir bis dahin geritten waren, erblickte man hier nichts als Fels und Schnee, der, in den Tiefen spärlich von der Sonne beschienen, noch nicht wegthauen konnte. Die Felsen schienen Basalt zu seyn. Grofse Blöcke hatten sich von der schroffen Wand losgerissen, und waren bis an den Flufs gerollt, der mich leider abhielt sie näher zu betrachten, denn er war zum Uebersetzen zu reifsend. Doch je weiter ich in dem Thal aufwärts ritt, um so kenntlicher wurde der Basalt, den ich auch nachher bei Natschika anstehend fand. Der Ritt zu diesem Dorf war beschwerlich, weil man einige zwanzig Seitenbäche des Choräka-Flusses passiren mufste, die so heftig strömten, dafs die Pferde sich kaum aufrecht erhielten, obgleich das Wasser ihnen nur bis an die Knie reichte. Kurz vor Natschika verläfst man das Choräka-Thal und steigt über den Scheider der östlich zur Bay, und westlich zum ochozkischen Meere gerichteten Abdachung des Landes.

Wir langten um 4 Uhr Nachmittags, am dritten Tage nach meiner Abreise aus St. Peter und Paul, in Natschika an. Sogleich wurde ein Boot herbeigeschafft, welches mich zu den, nördlich auf der Rechten des Natschika-Flusses gelegenen heifsen Quellen brachte. Sie entspringen zahlreich aus Basalt, der die ganze Umgegend einnimmt. Das Wasser, welches so heifs ist, dafs man die Hand nicht hinein halten kann, setzt überall Kieselsinter ab, besonders an Trümmern von Porphyrschiefer und Granit, die aus dem Innern zu kommen scheinen; denn der Flufs konnte sie nicht anschwemmen, da die Quellen über 100 Fufs höher liegen, und gegen jede Fluth gesichert sind. In der Nähe mischt sich kaltes Wasser mit dem heifsen, und dort hat der Tajon von Natschika ein Bad angelegt. 45 Werst weiter unterhalb, bei dem Dorfe Malka, befinden sich gleichfalls warme Bäder und ein Hospital welches die Regierung hat errichten lassen. Auch am obern Natschika-Flufs brechen heifse Quellen hervor.

Ins Dorf zurückgekehrt forderte ich für den anderen Tag einige Begleiter in das Gebirge; aber mein alter Führer und der Tajon versicherten, es liege noch zu viel Schnee auf Bergen und in Thälern, um dorthin gelangen zu können; sie riethen, die Reise bis zu meiner Rückkehr aus Bolscherezk aufzuschieben.

Zwei Wege führen von Natschika nach Apatscha; der eine zu Lande ist 88 Werst, der andere auf dem Natschika-Flufs abwärts beträgt 120 Werst. Da ich, des reifsenden Stromes wegen, zu Lande zurückkehren mufste, zog ich jetzt die Fahrt auf dem Flusse vor. Er führte uns pfeilschnell hinunter. Nur mit Anstrengung wehrten meine drei Kamtschadalen und der Kosack dem Umschlagen des Bootes, und dem Scheitern gegen Baumstämme, die, mit der Wurzel ausgerissen, in grofser Anzahl in dem Flufs lagen. Er entfernt sich anfänglich von den Bergen, seine Ufer sind niedrig, und, wie fast überall in Kamtschatka, dicht mit Weiden bewachsen. Bald aber drängt er sich an das hohe Thalgehänge, wo denn öfter Halt gemacht wurde, um die Felsen näher zu besichtigen. So lange der Flufs seinen Lauf nach N. W. nimmt findet sich nur Basalt; mit der Wendung nach S. W. erscheint aber hornsteinartiger Jaspis, dem am Hafen beobachteten ähnlich, und ebenfalls S. W. g. W. geneigt. Ich vermuthete daher auch hier grünen Schiefer, und fand ihn bald auf dem Gipfel eines Berges. Kaum eine Werst weiter erscheinen nochmals Felsen auf der Höhe; zerrissen und schroff, wie die Trümmer einer alten Burg. Vielleicht Basalt auf Grünstein gelagert, dachte ich, und kletterte hinan. Der Berg ist hoch und steil, überdiefs sehr üppig mit Zwergcedern bewachsen; es kostete Mühe und Zeit ehe das Ziel erreicht war; dort angelangt, sah ich mich aber vergebens nach Basalt um, die Felsen bestanden überall aus grünem Schiefer, den die Verwitterung aufsen geschwärzt hatte. Dasselbe Gestein findet sich auch an mehreren Stellen stromabwärts, und geht endlich in Thonschiefer mit deutlich westlichem Einschiefsen über. Jenseits desselben zeigt sich lange keine Felsentblöfsung, obgleich hohe Berge den Flufs in einiger Entfernung begleiten. Indem sie sich ihm von beiden Seiten nähern, nimmt die Geschwindigkeit seines Laufs zu, bis der Flufs, auf die Hälfte seiner früheren Breite beschränkt, sich mit grofser Heftigkeit, etwa 150 Schritt weit, zwischen zwei Glimmerschiefer-Felsen hindurchdrängt, deren Platten er glatt geschliffen hat. Sie neigen sich nordwestlich gegen den Flufs. Mit dieser Enge hört hier das Gebirge auf; es beginnt ein niedriges Hügelland, dem bald eine Ebene folgt, die sich unabsehbar von S. nach N. langs dem Gebirge hinzieht, und westlich bis an das Ochozkische Meer reicht.

Wir langten 9 Uhr Abends in Apatscha an, und hatten in 15 Stunden, von denen wenigstens 4 Stunden für mehrmaliges Verweilen abzuziehen sind, eine Strecke von 120 Werst zurückgelegt.

Auch nach Bolscherezk kann man sowohl zu Wasser als zu Lande gelangen; ich entschied, aus denselben Gründen wie zuvor, für die Fahrt auf dem Flufs. Am Morgen des folgenden Tages, des fünften, seit der Abreise aus dem Hafen, verliefsen wir Apatscha, das auf dem bisher zurückgelegten Wege 214 Werst von Awatscha entfernt ist.

Meine Führer sprachen viel von Kalk den wir sehen würden, auch erheben sich die Flufsufer ein wenig; aber überall bestanden sie aus Torf, und der angekündigte Kalk war nichts als eine kleine Mergelablagerung in demselben. Auf dem Rückwege nach Apatscha fand ich noch ein zweites Mergellager. Kalkstein wäre mir willkommner gewesen, denn an diesem fehlt es auf Kamtschatka; wenigstens in dem mir bekannten Theil. Die Gegend bis Bolscherezk bietet überhaupt nichts Bemerkenswerthes dar.

Ich schiffte sogleich bis zum Meer, das 20 Werst von dem Ort entfernt ist. Die Küste ist flach und sandig; mit Gerölle von primitiven und vulkanischen Felsarten bedeckt. Vor der Mündung des Bolschaja Reka (des grofsen Flusses) zieht sich eine Landzunge ins Meer. Sie besteht aus Sand, der, wie aller Sand den dieser Flufs führt, feine Körnchen von Magneteisen in Menge enthält.

Ich hatte die Absicht von Bolscherezk nach Lapatka, der Südspitze von Kamtschatka zu reisen, erfuhr aber dafs die Entfernung 200 Werst betrage, und mufste mich zur Rückkehr entschliefsen, weil schon die Hälfte der mir bestimmten Zeit verflossen war.

Der Landweg von Bolscherezk nach Apatscha, den ich einschlug, führt längs der rechten oder nördlichen Seite der Bolschaja Reka, über Flachland, das mit hohem Grase und Birkenwäldchen bewachsen war. Eine Hügelreihe, die, wallförmig und steil, Bergen von Muschelkalk gleicht, sich viele Werste von W. nach O. zieht, fiel mir auf. Ich fand aber nirgends Felsentblöfsung, und selbst der Bach am Fufs der Hügel führte kein Gerölle. Sehr ermüdet langte ich in Apatscha an, setzte aber doch am folgenden Morgen meine Reise nach Natschika fort, um für die Wanderung in das südliche Gebirge Zeit zu gewinnen. Wir folgten zuerst dem Flufs längs seiner Linken aufwärts, wandten uns dann gerade nach O., und gelangten durch eine Ebene zu einem Seitenthal des Natschika-Flusses. Es wird von Felsen begrenzt. Das erste Gestein war Basalt in Trümmern; ihm folgt ein Berg der aus zerfallenem grauen und rothen Porphyrschiefer besteht. Letzterer ist ein wenig porös, und in seiner Nähe wieder Basalt, der bis Chalsano anhält, eine Thalenge zwischen steilen Felsen. Der Fels zur Linken wurde erstiegen; er besteht aus grauem Porphyrschiefer, mit Krystallen von Hornblende und glasigem Feldspath. Die Masse ist in Platten abgesondert, an ihrem Fuſs erscheint Dolerit, gleichfalls in Platten abgesondert. In O. von Chalsano findet sich der Basalt wieder ein, und hält fast ohne Unterbrechung bis Natschika an. Nur an einer Stelle fand ich statt seiner, lavendelblauen Eisenthon mit grünen Flecken.

Zu meinem Erstaunen vernahm ich in Natschika, daſs die Leute welche mich nach Apatscha gebracht hatten, mit ihrem Kahn noch nicht zurück wären, obgleich sie schon bei meiner Rückreise nach Bolscherezk, also vier Tage vor mir, jenen Ort verlassen hatten. Sie langten erst am folgenden Abende an, und versicherten der Fluſs sey noch reiſsender geworden, da die Thaufluthen immer mehr wüchsen. Aus diesem Grunde war mir's auch nicht möglich einen Führer in das südliche Gebirge zu erhalten. Vergebens harrte ich $1\frac{1}{2}$ Tage in Natschika; Statt abzunehmen stiegen die Gewässer immer höher, und so muſste ich mich denn eilig zur Rückkehr nach Choräka anschicken, um nicht durch sie abgeschnitten zu werden. Da ich, aus Mangel an Pferden, die Reise zu Fuſs machen muſste, war sie überaus beschwerlich, besonders wegen der vielen stark angeschwollenen Bäche, die wir passiren muſsten. Das Schwimmen war, des sehr kalten Wassers wegen, nicht räthlich, also muſsten an jedem Bach die seichteren Stellen aufgesucht werden, um ihn ungeachtet der Gewalt der Strömung durchwaten zu können. Gewöhnlich pflegte einer der Begleiter sich mit einem Seil, dessen Ende die Andern hielten, zuerst hinüber zu wagen, und wir folgten nach. Von früh bis in die Nacht brachten wir auf einem Wege zu, den wir zuvor in wenigen Stunden zurückgelegt hatten.

Von Choräka bis Awatscha fuhr ich zu Wasser. Vor Staroi Ostrog steht schiefriger Grünstein an, der gegen S. W. einschiefst.

Wanderung zum Choräka-Vulcan.

Nach den Anordnungen eines Mannes der des Landes kundig seyn wollte, mufsten wir zuerst nach dem Dorfe Choräka. Wir gelangten durch die Gras- und Wald-Ebenen auf der Nordseite des Awatscha-Flusses, nach Staroi-Ostrog, von wo wir zu Wasser nach Choräka fuhren. Hier wiefs man uns eine Strecke zurück, dann gingen wir einen ganzen Tag durch jene Ebenen, gerade gegen N., ehe die Vorberge des Vulcans erreicht waren. Die Bäche welche durchwatet wurden, kamen aus N. W. und führen blofs Porphyr-Gerölle. Der Wald in welchem wir übernachteten, soll von Bären bewohnt werden, deren Zahl nicht gering seyn mag, wenn die eingetretenen Fufssteige welche wir am andern Morgen fanden, von diesen Thieren herrührten, wie man uns versicherte. Die Haarbüschel welche hier und da an den Baumstämmen hafteten, schienen die Aussage zu bestätigen. Der Wald hat einige kleine Seen, die wir zur Seite liefsen, dann ging es durch einen Giefsbach der von O. N. O. kommt, Porphyr-Gerölle führt, und von Trachyt-Felsen begrenzt wird, zuerst nach N., hierauf nach O., immer bergan. In 2000 Fufs Höhe über dem Meer schwinden die Birken, die schon unterhalb krüppelig werden. Schnee deckte die Flache. Trachyt war anstehend. Noch eine gute Strecke durch ein Thal das von

N. herabkommt, über einen Bergrücken der es begleitet, wurde zurückgelegt, und wir standen am Fuſs des Hauptberges. In jenem Thal, welches in den Nebenhöhen seinen Anfang nimmt, fand sich nur Gerölle von Porphyrschiefer, hier Trachyt in Blöcken, so groſs wie Hügel. Gegen S. O. ragte der Awatscha-Vulcan hervor, gegen N. W. ein Halbkreis nackter Berge. Der Fuſs des Choräka erhebt sich 2500 Fuſs über die Bay.

Wir waren hier 5 Uhr Nachmittags angelangt, und muſsten also das Ersteigen des Bergs auf den anderen Morgen verschieben. In der Nacht regnete es stark; am Morgen hüllten Wolken den Berg ein. Was war zu thun? Der kleine Mundvorrath den wir in Choräka erhalten hatten, Ein gedörrter Fisch auf den sieben Personen angewiesen waren, reichte nur zu zwei sehr frugalen Mahlzeiten hin; sollten wir nun, so schlecht versehen, unter freiem Himmel besseres Wetter abwarten, oder zurückkehren? Wir hielten bis 10 Uhr Vormittags aus; da aber der Regen zunahm brachen wir auf; sehr verstimmt durch das Miſslingen unseres Unternehmens.

Ohne Erquickung und bis auf die Haut durchnäſst, schritten wir rasch vorwärts, bis einer unserer kleinen Kamtschadalen zitternd und zähneklappernd bat, in dem Walde zu übernachten, weil er nicht weiter könne. Da wurde denn aus der Rinde die man groſsen Weidenbäumen abstreifte, eine Hütte gebaut, Feuer angemacht, die Wäsche getrocknet, und der Fisch verzehrt. Der Regen hielt noch lange an, und selbst am folgenden Tage blieb der Vulcan in Wolken gehüllt.

In Awatscha erfuhren wir durch Herrn Hofrath Dobell (der früher Russischer General-Consul in Manilla war, und sich seit den dort ausgebrochenen Unruhen hierher zurückgezogen hatte) man könne vom Hafen geraden Weges in einem Tage zum Choräka-Vulcan gelangen, und in drei Tagen die Reise hin und zurück abmachen, die uns eine ganze Woche gekostet hatte. Herr Capitain Golinitschef, Unterbefehlshaber von Kamtschatka, erst seit Kurzem von einer Reise im Hafen angelangt, bestätigte jene Angabe. Das bewog Herrn v. Kotzebue, obgleich er sich schon zum Absegeln anschickte, noch fünf Tage zu einer neuen Excursion zu bewilligen.

Der Awatscha-Vulcan.

Mit allem Erforderlichen gut versehen, zogen wir vom Hafen nach dem Dorfe Awatscha, und von dort gerade gegen N. O. zu dem Vulcan, der nach ihm benannt worden. Ungefähr 6 Werst vor demselben schlugen wir unser Zelt auf, und warteten bis zum anderen Mittag, wo sich Nebel zu Regen verzogen; dann gingen wir vollends bis an den Berg. Zwei Werst vor seinem Fuſs muſsten wir Zelt und Pferde zurücklassen, weil sich hier der letzte Weideplatz fand.

Der Vulcan sendet ein Thal gegen S. O. S. in welchem einst ein Lavastrom herabfloſs. Die jetzt verwitterte Lava ist in Sand zerfallen, und erstreckt sich wohl 8 Werst weit von dem Fuſs des Kegels in die Ebene hinein. Bergwässer haben tiefe Furchen ausgewaschen, in welchen groſse Blöcke von Trachyt liegen.

Wir stiegen früh um 6 Uhr an dem Lavastrom hinauf. Unsere Begleiter gingen auf die Argali-Jagd aus, denn führen konnten sie uns nicht, da sie nie auf dem Berge gewesen waren. Er schien an seinen Seiten ersteiglicher als gerade aufwärts, also wandten wir uns dorthin. Der Rauch welcher sich aus seinem Gipfel erhob, war das Ziel. Um es nicht zu verfehlen, muſsten wir doch den letzten Kegel ohne Umwege hinanklettern, denn schon begannen die Nebel des Thals ihn einzuhüllen.

Bimstein, Trachyt, Trachytporphyr, Schwefel, Traſs, Graustein, deckten in losen Brocken die Seiten des Kegels, der daher schwierig zu ersteigen war. Ohne einen herablaufenden Felsengrat, an den wir uns halten konnten, wären wir vielleicht nicht hinaufgekommen, da der Nebel uns dennoch ereilte. Endlich war 4½ Uhr Nachmittags der Gipfel erreicht. Der Rauch stieg aus mehreren Spalten, die, wenige Toisen unterhalb, ein Schwefelfeld zerrissen. Es schien die Decke einer Seitenöffnung des Berges zu seyn, und hatte, bei 200 Schritt Länge, eine Breite von 100 Schritt. Der Dampf welcher aus den Spalten aufstieg, war so heiſs, daſs ein hineingehaltenes Thermometer, welches bis 80 Grad Reaumur reichte, sogleich zersprang. An den Spalten fand ich den Schwefel krystallisirt. Auf dem Gipfel des Berges öffnet sich ein Krater, der in der Tiefe geschlossen war. Sein Umfang betrug einige hundert Schritt; eine 30 Fuſs hohe Felswand umgab ihn von drei Seiten, die vierte oder südliche hatte der Lavastrom durchbrochen, den wir am Fuſse des Berges fanden. Das anstehende Gestein ist Trachyt-Porphyr, der erdige Feldspath-Krystalle, und an dem Kraterrande wo die Hitze weniger stark gewirkt hatte, geröthete Poren enthält. Auf dem Boden des Kraters ist der Trachyt rissig und mit Schwefel überzogen.

Die Höhe des Awatscha-Vulcan über der Bay = 7664 Fuſs. Die Temperatur der Luft = 2,9 Grad C.

Der Nebel welcher uns hinauf begleitet hatte, lagerte sich um den untern Theil des Berges, und verhüllte das ganze Land, während wir heitern Himmel über uns hatten. Es war ein herrlicher Anblick, wenn von einem Windstoſs die Wolkendecke zerriſs, und die Bay zu unsern Füſsen sehen lieſs. Gegen 7 Uhr Abends sank der Nebel noch tiefer; wir konnten den Berg und den einzuschlagenden Rückweg besser überschauen. Mit Fels- und Schwefelstücken beladen traten wir ihn an. Der Fuſs des Kegels, von dem wir mehr rutschend als gehend herabkamen, war in zwei Stunden erreicht. Es begann zu dunkeln, die Auswahl der gangbarern Stellen wurde immer schwieriger, mehrere Male stürzte Einer oder der Andere mit den Barometern, die wunderbar aushielten; endlich verloren wir die Richtung zum Lagerplatz, irrten hin und her, und hatten schon beschlossen die Nacht auf dem Berge zuzubringen, als wir von Zeit zu Zeit Feuer in der Ferne aufblitzen sahen. Wir erkannten die Blitze für Signalschüsse unserer Begleiter, und langten nach Mitternacht glücklich bei dem Zelt an.

Auf der Rückreise nach Awatscha fand ich einen 3 Faden hohen und 4 Faden langen Block von Trachyt-Porphyr, wie er am Krater ansteht, etwa 20 Werst von dem Vulcan, und 2 Werst von jenem Dorf entfernt, auf dem Rücken eines Schieferberges. Sollte dieser Block wohl bis hierher geschleudert worden seyn? Herbeigeschwemmt konnte er nicht werden, weil der Boden sich gegen den Schieferrücken erhebt. Auch kann er von keinem hier anstehenden Felsen sich abgelöst haben, da sich nichts als Grünstein findet.

Am Tage nach unserer Rückkehr legte das Schiff auf die Rehde aus. Da aber widriger Wind die Abfahrt hinderte, nahm ich Herrn v. Golinitschew's freundliches Anerbieten, mich auf die Südseite der Bay übersetzen zu lassen, mit Dank an.

An dem östlichen Ufer der Krebsbucht wo wir landeten, steht zuerst nur grüner Schiefer an; auf ihm liegt Trachyt-Porphyr, der bis zur Einfahrt in die Bay anhält. Ich ging landwärts, S. W. Auch hier war Trachyt, aber verändert; in Platten abgesondert, fast geschichtet, und mit südöstlichem Einschiefsen. Weiter gegen S. W. an der Küste erscheint ein Porphyr mit rundlich abgesonderten Stücken frischeren Gesteins, die von einer verwitterten Masse teigartig umgeben werden. Dolerit lehnt sich wie eine Wand an den Porphyr, und bricht schiefrig.

Barometermessungen.

An d. Bay;	Barom. 335,2‴	Therm. 11,0° R.	} 5536 Fuſs Par.
Fuſs des Vulcans	270,6″	— 6,9° R.	
Gipfel des Awatscha-Vulcans .	249,4‴	— 2,9° R.	} 2128 Fuſs Par.
			7664 Fuſs über der Bay.

Sitcha.

Im September 1824 und im Sommer 1825 war ich in Neu-Archangelsk, dem Hauptort der Russischen Niederlassungen an der Nordwest-Küste von Amerika, und doch habe ich die Insel Sitcha, auf welcher er liegt, weniger genau kennen gelernt, als andere Eilande und Küsten, wo wir eine kürzere Zeit verweilten. Einen Theil der Schuld trägt die unwirthliche Natur, aber noch gröſsere Hindernisse stellte die Wildheit der Eingebornen der Ausführung meiner Wünsche entgegen. Die Untersuchung eines unangebauten Landes, welches aus Felsen besteht, die von Morästen und dichten Waldungen umgeben sind, ist nur ausführbar in Begleitung mehrerer Menschen, welche das Nothwendigste an Lebensmitteln tragen, und muſs man überdieſs vor den Ueberfällen der Eingebornen, welche, wie hier, mit Schieſsgewehr versehen sind, sich schützen, so ist noch eine bewaffnete Bedeckung erforderlich; beide aber, Träger und Bedeckung, waren nicht aufzubringen, und so muſste ich meine Untersuchungen auf die nächsten Umgebungen der Festung, und auf einige zugängliche Stellen der übrigen Inseln beschränken, zu welchen Herr v. Kotzebue Boote ausrüsten zu lassen die Güte hatte.

Die Insel Sitcha hat ihre Längenerstreckung von W. S. W. nach O. N. O.; ihr zur Seite liegt, in W., eine kleinere Insel, die ich, nach dem höchsten Berge derselben, die Edgecomb-Insel nennen will. Eine schmale Meerenge, der Olga-Canal, trennt deren Nordende von Sitcha, so daſs man beide Inseln als zusammenhängend, und den breiten Meeresarm, der sie südlich auseinander hält, als Meerbusen ansieht. Er ist mit vielen kleinen Inseln besetzt, die besonders zahlreich der gezackten Küste von Sitcha folgen. Die gröſste unter ihnen, Christowskoi, liegt vor dem Olga-Canal, dessen Eingang dadurch in zwei Arme getheilt wird, von denen der rechte oder nordöstliche, die Meerenge Christowskoi heiſst, der linke oder südwestliche, zum Olga-Canal gezählt wird.

Die Festung Neu-Archangelsk liegt dem Berge Edgecomb gerade in O. gegenüber, an der Südwest-Küste von Sitcha, und an der Nordseite einer ihrer gröſseren Buchten. Südlich von ihr dringt ein zweiter Einschnitt gegen S. O. in das Land, dann folgt ein langer, stromartiger See, der sich nach N. O. erstreckt, und an seiner Südwest-Seite mit jenem Einschnitt zusammenhängt. An dieser Stelle liegt eine kleine Verschanzung mit einer Wassermühle, Schmakow's Mühle genannt. Der See, welcher der tiefe heiſst, nähert sich mit seinem Südwest-Ende so sehr dem Meerbusen von Sitcha, daſs beide nur durch einen schmalen Streifen Landes von einander geschieden sind. Auf ihm entspringen heiſse Mineralquellen.

In den Umgebungen von Neu-Archangelsk bestehen die Felsen aus feinkörniger Kiesel-Grauwacke, die Thonschiefer in längern und kürzern Streifen enthält. Grauwacke und Thonschiefer wechseln auch in Lagern mit einander. Erstere wird stellenweise grobkörnig, und geht in conglomeratartiges Gestein über, worin Quarz, Syenit, lydischer Stein, durch feinkörnigen Quarz zusammengehalten werden, so daſs man einen Trümmerfels zu sehen glaubt, bis die genauere Beobachtung vom Gegentheil überzeugt. Die scheinbaren Trümmer finden sich nämlich auch in Nestern von der Grauwacke umschlossen, und durch Gesteinübergänge mit ihr verbunden.

An drei Stellen wo ich den Wechsel des Uebergangs-Thonschiefers mit Grauwacke beobachtete, bei der Windmühle unweit der Festung, und bei der Festung selbst, ist das Einschiefsen S.W. g. S. und S.S.W. unter einem Winkel von 75 Grad.

Von der Festung gegen O. erhebt sich der Pyramiden-Berg. Er ist steil und mit Wald bewachsen. Von seinen beiden Gipfeln erhebt sich der vordere, rundliche, 2376 Fufs Par., der andere, spitzig zulaufende, 3152 Fufs über das Meer. Eine Schlucht trennt beide Gipfel von einander. Der ganze Berg besteht aus Grauwacke. In dem niedrigeren Gipfel ist sie sehr grobkörnig, und einem Conglomerat ähnlich, an der pyramidalen Spitze aber feinkörniger und mit Thonschiefer wechselnd, der gegen S.W. einschiefst.

So weit von diesem Standpunkt der Blick nach O. reicht, füllen hohe, schroffe, mit Schnee bedeckte Berge, das Innere der Insel.

Edgecomb.

Die Fahrt zu dieser Insel wurde in aleutischen Baidarken oder Lederbooten unternommen. Wir landeten an der Südost-Küste, in deren Nähe der Berg sich erhebt.

Beim Landungsplatz steht grauer, schlackiger Basaltporphyr an, der Krystalle von glasigem Feldspath enthält. Er ist in sechs Zoll dicke, wenig gewölbte, Platten abgesondert.

Der Weg zum Edgecomb führt zuerst durch Tannenwald, mit niedrigem Moosboden, dann steigt er etwa 100 Fufs steil an, und läuft über eine Ebene, die des Berges unterste Stufe ist. Nach mehrmaligem Ansteigen folgt eine zweite waldige Hochebene, über welche sich der isolirte Edgecomb-Kegel erhebt. Nur in N.O. sieht man einige Hügel. Anstehender Fels zeigte sich nirgends; aber Gerölle von Basaltporphyr, Porphyrschiefer und Bimstein war häufig.

Der Kegel besteht aus thoniger Schlacke mit Nestern und Adern von Pechstein. Die Seiten sind zum Theil mit Kräutern bewachsen, zum Theil mit Bimstein-Trümmern bedeckt. Als wir die halbe Höhe des Kegels erreicht hatten, breiteten sich Nebel aus, von so heftigen Windstöfsen begleitet, dafs wir uns platt hinwerfen mufsten um uns zu halten. Mehrere Male trieben die Windstöfse Bimsteine, wie Spreu, vor sich her, die aber ohne zu beschädigen über uns wegflogen.

Die Spitze des Berges, 2852,8 Fufs über dem Meer, hat eine tiefe Grube, wahrscheinlich der alte Krater, der, so viel ich im Nebel sehen konnte, von senkrechten Wänden eingefafst wird. Capitain Lysiansky giebt dem Krater einen Umfang von vier Werst, und eine Tiefe von 18 Faden. Er sah den Boden im Julius noch mit Schnee bedeckt.

Die Einfassung des Kraters besteht ebenfalls aus thoniger Schlacke, mit Nestern und Adern von Pechstein.

Der Rückweg führte durch ein trockenes Flufsbett, unter dessen Gerölle ich Schlacke, Bimstein, Pechstein, und häufiger noch Grauwacke fand. Wir erreichten die Küste nicht an unserem Landungsplatz, und mufsten ihr deshalb gegen S. W. folgen. Ueberall steht hier grauer, schlackiger Basalt-Porphyr an. An einem Vorgebirge ragt eine Masse von dichtem Basalt, der Olivin enthält, mit senkrechten Wänden aus ihm hervor. Eine derselben bildete oberhalb einen flachen Bogen, der aus aufrechten Basaltplatten, gleich den Ziegeln einer Wölbung, zusammengesetzt war. Den innern Raum füllte dichtes Gestein aus.

Schmakow's Mühle. Der tiefe See. Die heifsen Mineralquellen.

Die Begrenzungen der Bucht an welcher die Mühle gelegen, sind niedriger aber steiler als bei Neu-Archangelsk, und bestehen aus Grauwacke, die häufig mit Thonschiefer wechselt.

Der tiefe See, etwa 15 Werst lang, und 1 bis $1\frac{1}{2}$ Werst breit, nimmt an dem Nordost-Ende den Biberflufs auf. Beide Ufer des Sees, das linke oder südöstliche, und das rechte, oder nordwestliche Ufer, sind hoch, steil und mit Nadelholz bewachsen. Wir folgten zuerst dem rechten Ufer, und landeten an der Mündung eines jetzt trocknen Waldbachs, dessen Thal ein gutes Felsprofil aufdeckt. Am See steht Syenit-Granit an, auf ihm liegt schiefrige Grauwacke, auf dieser eine unvollkommen geschichtete Grauwacken-Masse, von 2 bis 3 Faden Mächtigkeit, auf ihr ein Gestein welches aus Grauwacke in Porphyr übergeht, und in Platten abgesondert ist. Die höchsten Punkte nimmt feinkörnige Grauwacke ein. So undeutlich die Schichtung war, schien doch nordwestliches Einschiefsen vorwaltend, so dafs die Ausgehenden hier das steile Seeufer bilden. An mehreren anderen Landungsplätzen fanden sich, mit Ausnahme der schiefrigen Grauwacke, die eben genannten Felsarten in gleicher Folge und Lage wieder. Das ganze linke Ufer des Sees besteht von oben bis unten aus schönem Syenit-Granit von weifser Farbe. Demnach liegt der See in einem Längenthal zwischen Syenit-Granit und Grauwacke, und die Lagerung der letztern auf jenem ist noch am nordwestlichen Ufer zu sehen.

Auf dem Landstreif welcher das Meer von dem Südwest-Ende des tiefen Sees scheidet und die heifsen Quellen enthält, grenzen Syenit-Granit und Grauwacke, in der Streichungslinie des rechten Seeufers aneinander, so dafs die Grauwacke sich nach N. W., der Syenit nach S. O. ausbreitet. Letzterer enthält hier Nester und Adern von

Grauwacke, und die heifsen Quellen dringen an drei Stellen durch Spalten aus ihm hervor.

Die Temperatur der unteren, gröfseren Quelle war 65,5 Grad C., die der obern 63 Grad, und die Temperatur der zur Seite liegenden dritten, 53 Grad C. Beim Regen sollen sie wärmer, und beim Gewitter im Winter am wärmsten sein; wahrscheinlich eine Täuschung, veranlafst durch die nach der Witterung verschiedene Empfindlichkeit des Körpers. Die Quellen setzen an Steinen und Rinnen Schwefel ab.

Fahrt in die Chatham-Strafse.

Chatham-Strafse wird der Meeresarm genannt, welcher die Insel Sitcha auf der Nordost-Seite begrenzt, und sie von den Inseln trennt, die zwischen ihr und dem Festlande liegen.

Um von Neu-Archangelsk in jene Strafse zu gelangen, fuhren wir durch die Christrowskische Enge in den Olga-Canal. Die Ufer der erstern bestehen aus Grauwacke, welche auch die rechte (östliche) Seite des Olga-Canals einnimmt. Die linke Seite desselben, welche von der Edgecomb-Insel gebildet wird, hat unter anderen auch vulkanische Gebilde. Wir landeten hier. Das erste anstehende Gestein war ein Mittelgestein von Grauwacke und Porphyr. Im Osten vom Landungsplatz läuft eine Felswand mit steilen Seiten ins Meer aus. Sie besteht aus braunem und schwarzem Pechsteinporphyr, der abgerundete Massen von dichtem Basalt einschliefst. Die vulcanischen Felsarten der Insel erstrecken sich nach N. bis zu dem Bette einer früheren Meerenge, welche die trockne Durchfahrt genannt wird, und die Insel Edgecomb in zwei Hälften theilt. In der nördlicheren findet sich die Grauwacke wieder ein. Das gegenüberliegende Ufer des Olga-Canals besteht durchweg aus Kieselgrauwacke, wie sie bei Neu-Archangelsk vorkommt. Dieselbe Felsart bildet auch eine Insel vor dem Ausgange des Canals in das Meer.

Wie die Edgecomb-Insel von der sogenannten trocknen Durchfahrt, so wird Sitcha von einem noch schiffbaren Meeresarm quer zerschnitten. In diesen fuhren wir um zur Chatham-Strafse zu gelangen. Die Strömung dorthin war so heftig, dafs weder Steuer noch Ruder wirkten. Das grofse zehnrudrige Boot drehte sich, und kam mit dem Stern voran in die Strafse; des Capitains kleineres Boot tanzte förmlich einen Walzer. Diese Strömung hält während der Fluth an; mit der Ebbe macht sie die rückgängige Bewegung aus der Chatham-Strafse in das Meer, mit gleicher Heftigkeit; nur in der Zeit zwischen Fluth und Ebbe herrscht Ruhe.

Die Ufer der Durchfahrt und an der Chatham-Strafse bestehen aus Grauwacke. An dem Landungsplatz fanden sich überdiefs Gerölle und Blöcke von grobkörnigem Grünstein, der Magneteisen und Schwefeleisen enthielt.

Barometerbeobachtungen.

Sitcha.

Am Meere, Barom.	340,5‴	Therm. 13,5° C.	2376 Fufs Par.
Vorderer Gipfel des Pyramidenberges	310,75‴	— 11,9° C.	
Pyramidenberg	301,5‴	— 9,8° C.	776 Fufs Par.
			3152 Fufs über dem Meer.

Edgecomb.

	Barom.	Therm.	Par. F.
Am Meeresufer 6 Uhr Morg.	762,0 Mill.	9,2° C.	
1ste Station aufwärts	744,0 —	11,2 —	616,8
2te Station aufwärts	715,0 —	12,8 —	1649,4
40 Fufs unter dem Gipfel	682,9 —	10,6 —	2812,8
1ste Station abwärts	734,0 —	13,1 —	926,4
2te Station abwärts	759,0 —	13,9 —	45,0
Meeresufer 6 Uhr Abends	760,1 —	14,4 —	

über dem Meere.

Für die Messung der Edgecomb hat man den Stand des Barometers am Meere, zu Anfang und Ende derselben, kann also mit ziemlicher Genauigkeit den Stand desselben in den Zwischenzeiten, und mithin die Höhe jedes einzelnen Standpunkts unmittelbar über dem Meer, genauer berechnen, als durch Summirung der einzelnen Stationen.

Californien.

Am Anfange des Octobers 1824 näherten wir uns der Küste von Californien, die wir unweit der Bay St. Francisco zu Gesicht bekamen. Die Küste steigt 500 bis 600 Fufs steil an; das Land hatte ein verdorrtes Ansehen, die Berge waren mit trocknem Grase und krüppeligem Gesträuch bewachsen; nur einzeln standen Eichbäume auf der Ebene; den Hintergrund der Bucht begrenzten Fichtenwäldchen.

Die Einfahrt in die Bay geht nach O. und ist keine Seemeile breit. Von beiden Seiten stürzen die Ufer jäh ins Meer. Auf der Südseite hat die vom Ufer abprallende Strömung eine Sandbank gebildet; auf der Nordseite ist das Wasser tief, aber voll Klippen. Die Bay giebt nach N. und S. O. Nebenbuchten ab. Auf der Südseite liegt, unweit der Einfahrt, die Festung und das Präsidium St. Francisco; eine Legua (5 Werst) östlicher, die Mission gleiches Namens, und 20 Leguas in O.S.O., die Mission St. Clara.

Der Berg auf welchem die Festung liegt, besteht aus Serpentin mit Ophit, Schillerspath und Schaalentalk. Letzterer bildet auch die Wand an der Meeresküste, wo er grofse Kügeln von Serpentin enthält. Ein kleines Thonschieferlager scheint hier in oder auf dem Schaalentalk zu liegen. Das Gerölle an der Meeresküste besteht aus

Talk, Serpentin und Sandstein, der auch weiter nach S., beim Punto dos Lovos vorkommt, einem Vorgebirge, welches von den Seelöwen seinen Namen erhielt, die sich hier aufzuhalten pflegen. Der Sandstein ist braungelb, hat einzelne schwarze Flecken, glänzende Schüppchen von weifsem, talkartigem Glimmer, ein feines Korn und ziemliche Härte. Zu einem dunkelgelben Sande zerfallen, bedeckt er auch die Gegend von der Festung bis zur Mission S. Francisco.

Zwischen der Festung und dem Präsidium stöfst man bald auf Sandstein, bald auf Serpentin, was einen Wechsel beider Felsarten anzuzeigen scheint; doch findet sich von dem Präsidium bis zur Mission St. Francisco keine Spur von Serpentin, sondern blofs Sandstein, der demnach hier die Hauptmasse bildet, und entweder den Serpentin eingelagert enthält, oder ihn als spätere Bildung verdeckt, so dafs er nur stellenweise aus seiner Hülle hervorragt. Das Einschiefsen war nirgends zu bestimmen, da der Serpentin ungeschichtet ist, und der Sandstein nur schlechte Felsentblöfsungen hat.

Bootfahrt nach St. Clara.

Wir schifften nach O. S. O. in eine grofse Nebenbucht, die so breit ist, dafs man an mehreren Stellen die einander gegenüber liegenden Ufer, die niedrig und fast vollkommen eben sind, nicht erblickt. Nur einzelne Klippen ragen längs denselben über dem Wasser hervor. Wir landeten an einem Vorgebirge, das an dem südlichen Ufer von einer solchen Klippe gebildet wird. Es wurde nach unserem Schiff Predprijatie benannt. Von der Landseite begrenzt ein Sumpf, den die hohe Fluth überschwemmt, den Fels, der aus gelbem und rothem Jaspis, und gelbem Hornstein besteht. Letzterer hat 2 bis 3 Zoll starke Schichten, die ein rother Lettenbesteg trennt. Sie neigen sich am Landungsplatz N. W. g. W. und wenige hundert Schritt weiter, nach W. und W. S. W., unter einem Winkel von 45 Grad. Stürzung war nirgends warnehmbar. Das Felsprofil deckten Quarzadern auf welche die Schichten durchsetzen. Ein grofses Stück Schwarzmangan-Erz lag am Strande.

Nach einer langen Fahrt gegen S. O. landeten wir an dem Ufer eines Flusses, der ein niedriges, angeschwemmtes Land bewässert, und, wie die meisten Flüsse dieser Gegend, blofs ein Arm des Meeres zu seyn schien.

St. Clara liegt auf einer weiten Ebene, deren schwarzer Boden von der anhaltenden Dürre zerrissen war. Hin und wieder standen grofse Eichen. Zwei Bergzüge bilden in der Ferne die Begrenzung. Der eine erstreckt sich von S. W. nach N. O., der andere von S. O. nach N. W.; wo beide zusammentreffen, liegt am Fufse des letztern, die Mission St. José. Die Berge sollen, nach Herrn Dr. Siewald's Beobachtung, aus Muschelkalk bestehen, und heifse Quellen haben.

Die vordere Bucht an der Nordseite der Bay.

Die Ufer scheinen überall felsig zu seyn; nur das Nordende ist niedrig, und trägt einen hohen Fichtenwald. An der Westseite steht ochriger, rothbrauner Jaspis, mit Kalkspath- und Quarzadern an. Seine zahlreichen Klüfte enthalten Schwarzmangan-Erz angeflogen. Weiter gegen N. fand sich ähnlicher Sandstein wie am Präsidio. Er hat gegen 3 Fufs mächtige Schichten, die S. W. S. einschiefsen.

Die Ebbe hinderte uns weiter gegen N. vorzudringen. Wir fuhren in eine andere kleinere Bucht, die der Festung gegenüber liegt. Hier findet sich Grünstein in der Richtung des Serpentins der Südküste, und wahrscheinlich die Fortsetzung desselben. Quarzadern und Jaspisnester kommen in ihm vor. Ich folgte dem Ufer nach S., traf wieder auf rothen, ochrigen Jaspis, S. W. g.

W. geneigt, und dem Felsen am Vorgebirge Predprijatie ähnlich; auch der Lettenbesteg zwischen den Schichten fehlte nicht. Weiter nach S. W. stand Sandstein an, dessen Schichtenstellung aber nicht beobachtet werden konnte, weil die zurückkehrende Fluth mich vertrieb.

An dem gegen die Bay auslaufenden Vorgebirge dieser Bucht, die Teufelsnase genannt, war die Strömung so heftig, dafs sie mehrere Male das Boot umzuschlagen drohte. Wegen dieser Gefahr wurde der erneuerte Besuch der Bucht untersagt.

Reise nach Rofs.

Die vorhin beschriebene, nach N. gerichtete Nebenbucht, wird durch eine Bergreihe von einer zweiten, östlicher gelegenen Bucht geschieden, die ebenfalls gegen N. in das Land dringt, aber gröfser als die vordere ist, und gegen N. O. mit einem weiten Meerbusen zusammenhängt. Ein stromartiger Seearm führt zwischen niedrigen Landflachen, welche die Fluth überschwemmt, in die Bucht, deren Berg-Begrenzung auf der Westseite zurückweicht, auf der Ostseite aber näher an die Küste rückt. An dem Fufs dieser Bergreihe liegt die Mission S. Francisco Solano, von wo der Landweg nach Bodega und Rofs führt.

Die Berge bei St. Francisco Solano sind buschiger als die früher gesehenen, und einige fliefsende Bäche, zu dieser Zeit in Californien eine Seltenheit, kommen von ihnen herab. Grofse Felsblöcke liegen an dem Abhange der Höhen. Sie bestehen aus Perlstein, Basaltporphyr, Porphyrschiefer, porösem Basalt und rother Lava, mit schwarzen, schlackigen Adern. Anstehend ist eine rothe, verwitterte Lava. Die Berge sind nicht zerrissen, wie auf O-Tahiti und Kamtschatka, sondern sanft ansteigend, und kuppig, wie die Serpentin- und Sandstein-Hügel um St. Francisco; doch scheinen sie vulkanisch zu seyn, denn der Padre der Mission zeigte mehrere Pfeile, mit Spitzen von Obsidian, welcher sich in jenen Bergen finden soll. Ich konnte sie nicht besuchen, da wir früh, am folgenden Morgen, die Reise fortsetzen mufsten.

Der Weg führt W. g. W., zuerst über Flachland, dann über einen Nebenzweig der Berge von Francisco Solano. Zwei Leguas von der Mission fand sich wieder rothe, verwitterte Lava, und eine halbe Legua weiter Perlstein-Porphyr. Der Weg senkte sich jetzt zu einer grofsen Ebene hinab, die mit vulkanischen Felstrümmern bedeckt ist. Eine Bergkette begrenzt sie in O. und schliefst sich gegen N. einem höheren Gebirge an. An der Westseite der Ebene zieht eine Hügelreihe ebenfalls nach N. Sie besteht aus Sandstein, Hornstein und Jaspis, und erhebt sich 2 Leguas vor Bodega, zu ziemlich steilen Bergen, wo das Gras verdorrt und die Flüsse ausgetrocknet waren.

Bodega berührten wir nicht; der Ort blieb uns zur Linken, d. h. westlich, an der Meeresküste, die wir bald wie eine Wand, gegen 40 Fufs hoch ansteigen sahen. Eine Ebene begleitet hier die Küste, wird von Bergen in O. begrenzt, und von mehreren trocknen Flufsbetten durchschnitten, die gegen das Meer auslaufen.

Die Küste besteht aus Sandstein, dessen Schichten nach N. neigen. Sechs Werst vor Rofs kommt ein Bach, von den Russen Slawänka genannt, aus den hohen östlichen Bergen herab. Er führt kleines Granitgerölle in Menge. Herr Chlebnikow, Director der Russisch-Amerikanischen Compagnie in Sitcha, hat an den Ufern des Baches Strahlstein anstehend gefunden; ich sah ihn nicht.

Der Weg steigt von hier gegen 1000 Fufs an. Die Höhen sind mit hohen Fichten, Rofskastanien und anderem Laubholze bewachsen; in den tiefen Thälern brechen Quellen hervor; kurz die ganze Gegend gewinnt ein malerisches Ansehen.

Auch hier steht überall Sandstein an. Er umgiebt die kleine Bucht, in welcher Rofs, die südlichste Niederlassung der Russen an der Westküste von Amerika (38° 30′ 28″ nördl. Br., 122° 45′ 46″ westl. Länge v. Greenw.) gelegen. Die Felsschichten zeigen an der Nordseite der Bucht besonders deutliches Einschiefsen nach N. W., weiterhin ist es ganz nach N. gerichtet. Das Gestein ist in den untern Bänken feinkörniger als in den obern, die nach aufsen in Conglomerat übergehen.

Wir kehrten auf dem Wege den wir gekommen waren, nach St. Francisco solano zurück; Herr Hofrath Eschscholz folgte der Küste in einem Lederboot. Er sah an dem Vergebirge Bodega (38° 14′ 40″ nördl. Br.) grobkörnigen Syenit anstehend, und Sandstein, der mit dem früher beschriebenen Aehnlichkeit hat, aber doch stellenweise an Grauwacke erinnert. Die Lagerung wurde nicht ausgemittelt. Zwischen Bodega und Punto di Reis fand sich rother, ochriger Jaspis und Chalcedon, die auch zwischen diesem Vorgebirge und der Einfahrt in die St. Francisco-Bay vorkommen.

Herba boena.

Starke Winde nöthigten das Schiff, sich nach S. O. tiefer in die Bay zurück zu ziehen, und in der kleinen Bucht Herba boena Schutz zu suchen. Ihr gegenüber liegen zwei Inseln; die gröfsere besteht ganz aus Sandstein, die kleinere aus Serpentin, der mit weifslichem Schaalentalk überzogen ist. Das Ufer hat wieder Sandstein, dessen Lagerung nicht bestimmt werden konnte.

Rio sacramento.

Durch die Bucht, an welcher S. Francisco solano gelegen, und durch den zweiten Busen, mit dem sie gegen

O. zusammenhängt, schifften wir in den Rio sacramento, der sich von N. O. in denselben ergiefst.

Wir landeten an einem Vorgebirge, kurz vor der Strommündung. Es besteht aus Sandstein und Conglomerat, dieses unter jenem. Ein Kalkstein-Lager in dem Sandstein, und zwischen ihm und der Dammerde, etwa 15 Fufs über dem Wasserspiegel, eine Bank Austerschaalen, die, nach Herrn Eschscholz Bestimmung, einer jetzt unbekannten Species angehören. Auf der Fahrt, längs dem Ufer des Stroms, waren mehrere Kalkstein-lager in dem Sandstein sichtbar, und wahrscheinlich finden sie sich auch in den benachbarten Bergen, denn diese hatten weifse Streifen und Flecken.

An der Mündung des Stroms stehen die Sandstein-Bänke aufrecht, oder fallen gegen S. O., oberhalb gegen S. W. Die Schichten sind oft gewunden, und werden von einem andern Sandstein quer durchschnitten, der feinkörniger und schwerer ist, als das Gestein der Hauptmassen.

Der Strom hat an seinem 100 Faden breiten Ausflufs steile Felswände, und einen so raschen Lauf, dafs er selbst die Fluth zurückweiset, und das Wasser des Busens mithin versüfst. Oberhalb der Mündung dehnt er sich aus; das jenseitige Ufer schwand uns aus dem Gesicht. An demjenigen welchem wir folgten, hatten die Sandstein-Bänke das Streichen von S. O. nach N. W. Der Rio pescadores vereinigt sich mit dem Rio sacramento; das Land wird eben, nur in der Ferne erscheinen hohe Bergzüge, die sich gegen den Strom verflächen.

Nach eintägiger Fahrt landeten wir an hügeligem Ufer, das von mehreren Thälern durchschnitten wird, und überall aus Erde zu bestehen schien. Die weite Aussicht nach N., welche man von den Anhöhen hat, wurde durch eine hohe Gebirgskette mit Schneegipfeln, (daher auch Serra nevada genannt), begrenzt. Der Rio sacramento schien von dort zu kommen. Der Lauf desselben wurde von hier an immer rascher; wir brachten den ganzen Tag auf eine Strecke zu, die wir bei der Rückkehr in 1½ Stunden durchflogen. Doch gelangten wir so weit, daſs wir von dem ersten unabhängigen Indianer-Dorf nur noch eine Tagereise entfernt waren; da lieſs die Heftigkeit des Stroms uns nicht weiter aufwärts fahren, und nöthigte zur Rückkehr.

Der Rio sacramento soll oberhalb noch zwei Flüsse, den Rio Jesu Maria und Rio S. Joaquim, aufnehmen. Die freien Indianer welche wir besuchen wollten, gehören zu dem Stamm der Suisanes, den Tapfersten unter den Eingebornen.

Zum Schiff zurückgekehrt, wurde alles zur Abreise in Bereitschaft gesetzt. Noch einmal ritt ich in die Mission St. Francisco. Ich fand dort zum Bau von Grundmauern groſse Steine angefahren, die ich für dunkeln Granit erkannte. Auf meine Frage, wo sie gebrochen worden, wieſs der Padre nach den ländwärts gelegenen Bergen hin, die ich leider nicht mehr besuchen konnte.

Sandwich - Inseln.

Die Seefahrer nennen sie ein irdisches Paradies. Nach O-Tahiti die Erwartungen steigernd, schuf unsere Phantasie sich die reitzendsten Bilder. Wir wurden unangenehm überräscht! Mowee, das erste dieser Eilande, das wir am 9ten December 1824 sahen, erscheint groſsartig zwar, aber durchaus düster. Ein Gewirre schwarzer Berge die bis in die Wolken ragen; nirgends das lachende Grün laubreicher Bäume, wie in den Thälern von O-Tahiti. Die Vegetation überhaupt spärlich, fast ärmlich. Selbst der Brodfrucht-Baum ist selten; die Cocos-

Palme der einzige Schmuck der Insel. Doch wer von der unwirthbaren Nordwest-Küste Amerikas kommt, hier einen milden Himmel und seine Spenden, ein civilisirteres Volk, als auf irgend einem andern Eilande der Südsee, Ansiedler aus den Nordamerikanischen Freistaaten und aus Europa, durch sie Erzeugnisse fast aller Länder der Erde, zur Abhülfe seiner Bedürfnisse findet; dem mögen die Sandwich-Inseln wohl vor allen reitzend erscheinen, und eben den Seefahrern welche zwischen Nordwest-Amerika und China schiffend, hier zu stationiren pflegen, verdanken sie ihren Ruf.

Von den acht Inseln der Sandwich-Gruppe habe ich nur drei näher kennen gelernt: Woahoo, Mowee und Owhyhee.

Woahoo.

Wir näherten uns zuerst der Nordost-Küste, wo das Land bedeutend niedriger ist, als O-Tahiti, und ohne ausgezeichnete Berge. Die Anhöhen sind, wie die Ebene, schwarz und wie verbrannt, die Gipfel allein buschig. Wenige Thäler laufen gegen den breiten Küstensaum aus.

Auf der Fahrt nach Hanaruru, dem Hafen der Südseite, folgten wir der Küste in geringer Entfernung. Isolirte Kegel, mit abgeplatteten, auch wohl eingestürzten Gipfeln, liefsen ausgebrannte Vulcane deutlich erkennen. Ihr Fels war geschichtet, die Bänke schienen horizontal zu liegen, und stellenweise nach der einen oder andern Weltgegend sich zu neigen. Obgleich dem Lande so nah, fanden wir mit dem Tiefloth auf 70 Faden keinen Grund.

Den Hafen Hanaruru bildet ein Korallenriff, der nur eine schmale, 21 Fufs tiefe Einfahrt offen gelassen hat. Das Becken ist geräumig und tief. Zur Zeit der Ebbe ragt das Riff über dem Wasser hervor, und der Hafen ist dann ganz geschlossen. Zwanzig Schiffe, meist unter Nordamerikanischer Flagge, lagen bei unserer Ankunft in demselben.

Die Stadt Hanaruru breitet sich vor der Mündung eines offenen Thales aus, dessen Boden hier aus Korallen-Kalk besteht. Sie zählt einige hundert reinliche und geräumige Hütten, über welchen zweistöckige, hölzerne Häuser von europäischer Bauart, wie Pallaste, einzeln hervorragen.

Unweit der Stadt liegt ein isolirter Vulcan, der zu einer Festung benutzt, tabù, also unzugänglich war. Der Berg ist rund, gegen 400 Fuſs hoch, und steil; sein Kraterrand auf der Nordwest-Seite eingestürzt. In O. S. O. vom Hafen, auf derjenigen Spitze der Insel, die nach Morotoi weiset, erhebt sich am Meer ein ähnlicher alter Vulcan, der Demanthügel. Der Weg zu ihm führt nach O. S. O. über eine Ebene, dessen Boden aus Korallenkalk besteht, und mit Blöcken von porösem Basalt, der Olivin enthält, bedeckt ist. Die Blöcke sind scharfkantig, als hätte sie eine Eruption, und nicht das Wasser hierher gebracht. An Stellen wo aus den Bergen fruchtbare Erde angeschwemmt worden, sind Cocos-Pflanzungen und Taroo-Felder angelegt worden, welche letztere durch weit herbeigeführte Gräben bewässert werden. Im Uebrigen ist die Ebene nur dünn begrast.

Der Demanthügel, welcher sich an der höchsten Stelle etwa 500 Fuſs über das Meer erhebt, besteht aus geschichtetem, braunem Traſs, der Kalk in Adern und Nestern enthält. Die Schichten sind 2 bis 3 Zoll mächtig, und neigen sich wenig nach N. O. g. O. Der Rand des Kraters ist schmal, seine Tiefe beinahe 20 Faden, sein Boden mit Gras bewachsen; die Einfassung auf der Südost-Seite eingestürzt. Nicht einmal Bergkrystalle, geschweige denn Demanten, waren hier zu finden.

Die angrenzenden Berge, zu welchen sich die Ebene erhebt, enthalten Basalt, der auſsen verwittert und geschwärzt, auf dem frischen Bruch hellgrau ist. Seine Schichten liegen horizontal und sind gegen 3 Fufs mächtig.

Das Thal an dessen Ausgange Hanaruru liegt, streicht nach N. O. durch Basaltfelsen, deren wenig nach S. W. geneigte Platten quer durchschnitten werden. Das Gestein ist hellgrau, porös, in der Nahe der Absonderungsklüfte körnig, und hat Olivin in einzelnen Krystallen. Das Gerölle des Bachs war von derselben Felsart.

Das Hanaruru-Thal erhebt sich so unmerklich, dafs man sehr überrascht ist, an seinem Nordost-Ende plötzlich vor einem jähen Absturz zu stehen, und das Hügelland an der nördlichen Seite der Insel zu erblicken. Die Basaltplatten sind an der Felswand nach N. W. geneigt. Ein alter Vulcan, dem Demanthügel ähnlich, liegt so nahe, dafs man von der Höhe in seinen Krater sieht; ein anderer Vulcan erhebt sich an der Spitze einer Landzunge.

Sechs Werst von dem Hafen, in W., findet sich ein See, der in trockner Jahreszeit mit einer Salzrinde sich bedecken soll. Er liegt in einer kraterähnlichen Vertiefung, die in N. W. von Trafsfelsen, deren Bänke nach N. W. einschiefsen, auf den andern Seiten von dem hellgrauen, blasigen Basalt der Insel, dessen Platten hier nach N. O. fallen, eingeschlossen wird. Aufser Olivin findet sich in den Höhlungen auch Stilbit. Das Wasser des Sees war scharf salzig, aber nicht bitter. Da es kurz zuvor geregnet hatte, fand ich kein Salz, erhielt aber aus einer benachbarten Hütte ein Stück, etwa einen Zoll dick; die Rinde soll selten stärker seyn.

Bei der Ankunft in dem Hafen liefsen Blöcke von Granit mich hoffen, diese Felsart auf der Insel anstehend zu finden; sie waren aber als Ballast aus China hierher gebracht worden.

Am 31sten December schiffte ich mich auf einem nordamerikanischen Fahrzeuge, geführt von Mr. Bekley, nach Mowee und Owhyhee ein. Widrige Winde hielten uns ein Paar Tage zwischen Morotoi und Ranai auf. Jene Insel ist, mit Ausnahme der Westspitze, fast eben, hat weder Bäume noch Gebüsch. Auf der Westspitze erhebt sich ein einzelner Berg, vielleicht 2000 Fuſs steil über das Meer. Seine Gehänge sind tief gefurcht; sein Fels schien nach Form und Farbe Basalt zu seyn, dessen Platten sich wie die Bergseiten neigten.

Ranay ist wenig höher als Morotoi, und besteht gleichfalls aus Basalt. Hinter diesen Inseln steigt ein Koloſs aus dem Meere hervor — das hohe Mowee.

Mowee.

Die Insel hat keinen Hafen, sondern nur eine Rhede, welche von Morotoi, Ranay und einer dritten kleinen Insel geschützt wird. Der Küste folgt, 5 bis 6 Fuſs unter dem Wasserspiegel, ein Korallenriff, an dessen Auſsenseite das Meer 25 Faden tief ist.

Mowee besteht, gleich O-Tahiti, aus zwei Theilen, die durch einen schmalen, angeblich flachen und sandigen Isthmus aneinander hängen. Die Rhede auf welcher Mr. Bekley ankerte, befindet sich an der Westseite des nordwestlichen kleineren Theils der Insel, auf welchem die Stadt Laheine liegt. Die beiden Missionäre, Herr Stewart und Richard, nahmen mich mit zuvorkommender Gastfreundlichkeit in ihrer Wohnung auf, und begleiteten mich auf meinen Wanderungen.

Oestlich von der Stadt erheben sich, unweit des Meeres, spitz zulaufende Berge, deren Gipfel mit Bäumen bewachsen sind. Die Seiten steigen unterhalb allmählig an, und sind mit blasiger Lava und Augit haltigem Porphyrschiefer bedeckt, deren Trümmer von der steilern obern Hälfte hinunterrollten. Ich schätze die Höhe dieser Berge auf 6000 bis 7000 Fuſs. Nach Herrn

v. Kotzebue's Messung ist der ansehnlichste Berg auf Mowee, 10014 Fuſs über das Meer erhoben.

An dem Tage nach meiner Ankunft wurde in Hrn. Richard's Begleitung die erste Excursion unternommen. Wir gingen nach N. W. N. über Flachland, durch ein trockenes Fluſsbett, welches sich aus den Bergen herabwindet, zu dem Dörfchen Kanaperre, und von dort durch das Thal Eipopo in die Berge.

Bis zu dem Dorf breitet sich Gerölle von Porphyrschiefer und Lava aus; bei Kanaperre steht olivinhaltiger Basalt an, der in Platten abgesondert ist. Er begrenzt auch das Eipopo-Thal zu beiden Seiten; hat dort zwei Faden mächtige, horizontale Bänke, die oberhalb verwittert und porphyrartig, in der Tiefe fest und dicht sind. Zwischen dem Fels und Rasen liegt rother Lehm.

Der Rückweg führte an den Bergen vorbei. Wir fanden einen alten Krater, der von basaltischer Lava, in gewölbten Bänken, eingefaſst, von S. W. nach N. O. seine Längenerstreckung hat.

Am dritten Tage gingen wir längs dem Küstensaum nach S. Das Land ist hier mit Cocospalmen und Brodfrucht-Bäumen zahlreicher besetzt, als in irgend einer andern Gegend der Insel. Das Gerölle fand ich dem früher beschriebenen ähnlich. Es kündigte auch hier den Basalt, als herrschende Felsart an. Nach ein Paar englischen Meilen öffnete sich gegen N. O. das Thal Kahowaï, welches die Insel quer durchschneidet. Ein kleiner Bach nimmt fast ein Viertel der Sohle ein, die sich aber bald sehr verengt, indem von beiden Seiten die hohen steilen Felsen gegeneinander rücken, so daſs das Thal zuletzt einem Spalt gleicht. Das Gestein ist durchweg Basalt, dessen Platten sich gegen W. S. W. neigen.

Der Gang auf dem durch Regen erweichten Lehmboden war so beschwerlich, daſs wir uns entschlieſsen muſsten umzukehren, ehe wir auf der Nordost-Seite das

Meer gesehen hatten. Auf dem Rückwege fand ich Basalt mit eingesprengtem Eisenkies. Er verlor sich bald, und das Gestein nahm den vorigen Character wieder an.

Der vierte Tag war zu einer Fahrt nach dem gröſseren und höheren Theil von Mowee bestimmt; doch Herr Bekley wollte oder konnte nicht länger verweilen; wir gingen also nach Owhyhee unter Segel. Schwacher Wind hielt uns zwei Tage in der See auf; am Morgen des dritten Tages lag Owhyhee in seiner ganzen Pracht vor uns.

Owhyhee.

Wir näherten uns kurz vor Sonnenaufgang der Insel. Im Vorgrunde lag der Worroraï, hinter ihm zur Rechten der Mauna Roah, zur Linken der Mauna Keah. Ihre Gipfel leuchteten wie Gold über dem Dunkel das die Insel einhüllte. Als aber die Sonne hinter dem Mauna Roah erschien, schwand das reitzende Bild in Nebelduft.

Der Worroraï, uns um vieles näher als die übrigen Berge, schien der höhere. Er ist ein einzelner Pic, mit zerrissenem Gipfel, und trägt deutlich das Gepräge eines Vulcans. Vor ungefähr 30 Jahren warf er zum letzten Mal Feuer aus. Mauna Roah steigt allmählig von N. O. nach S. W. zu einer auſserordentlichen Höhe an, und senkt sich eben so sanft auf der andern Seite herab. Seine Länge mag viele Meilen betragen, denn er gleicht eher einem Gebirgszuge als einem einzelnen Berge. Mauna Keah ist dem Worroraï ähnlich, überall steil und mit zerrissenem Gipfel. Auffallend ist, daſs man auf der Insel den Mauna Keah durchgängig für den höheren Berg hält, da doch mehrere Messungen das Gegentheil bezeugen. Herr v. Kotzebue, dessen Bestimmung die genauste seyn mögte, giebt dem M. Roah 14899 Fuſs, dem M. Keah 13080 Fuſs Höhe über dem Meer. Mir schienen, von der See aus, beide Berge gleich hoch zu seyn, aber der Keah war der bei weitem entferntere.

Gegen Abend fuhren wir ans Land. Kairua, der Sitz des Gouverneurs von Owhyhee, liegt an der Westseite der Insel, hart am Fuſs des Worroraï, auf einem Lavastrom, der von ihm ins Meer geflossen ist. Südlich von hier ist die Bucht Karakakua, wo bekanntlich Cook das Ende seiner thatenreichen Laufbahn fand.

In Kairua begab ich mich sogleich zum Gouverneur, einem Eingebornen, den die Engländer Master Adams nennen. Seine Wohnung war ein zweistöckiges, hölzernes Haus, welches Nordamerikaner ihm für 5000 Thaler erbauten. Es hat in jedem Stock vier Zimmer. Wohnhaus, Nebengebäude und Hofraum sind von einer Mauer umgeben, die mit Kanonen von sehr verschiedenem Kaliber besetzt ist. Das alte Morrai, vor welchem noch die ungeschlachten Götzenbilder stehen, ist in ein Pulver-Magazin umgewandelt. In einem benachbarten steinernen Hause war die Leiche Tameahmeah's beigesetzt.

Ich fand Adams in dem Hofraum, unter zwei Pandanus-Bäumen sitzend. Hinter ihm standen acht junge Manner, bis auf den Schurz. und eine weiſse Tappa, — ein Tuch welches von der einen Schulter herabhing, — unbekleidet. Ein weiſser Strohhut deckte den Kopf. Jeden Augenblick seines Winks gewärtig, schienen sie Adjutanten-Dienste zu verrichten. Adams, groſs und dick, das Gesicht von Blattern zerrissen, die Augenränder roth, war Europäisch gekleidet. Nachdem er den in der Landessprache geschriebenen Empfehlungsbrief seiner Schwester, der Königin-Mutter, Pii (Fisch), den ich aus Hanaruru brachte, gelesen, und meinen Wunsch, den Mauna Roah zu besteigen, vernommen hatte, sagte er in gutem Englisch: „Zwar sind acht Tage nöthig um den Berg zu ersteigen, doch kann man mit einiger Anstrengung den

Weg auch in sechs Tagen zurücklegen." Höchstens so lange wollte Bekley die Abreise verzögern. Am andern Morgen sollten Führer und Provision in einem Boot an Bord geschickt werden, damit ich zu Wasser einen Theil des Weges zurücklegen konnte. Nach diesen Berathungen wurde ich mit Rum und Wein bewirthet, und von dem Herrn Gouverneur aufgefordert ihn zu portraitiren, was ich, mit dem Mangel an Kunstfertigkeit mich entschuldigend, ablehnte. Man führte mich zu der Frau Gouverneurin. Auf einer Matte ausgestreckt, liefs Madame sich eben Rücken und Seiten von zwei Dienern kneten, als ich eintrat. Wie alle vornehme Frauen auf den Sandwich-Inseln, hatte auch sie einen Umfang, von dem der, welcher solche Ungeheuer noch nicht sah, sich keine Vorstellung machen kann. Sie war so herablassend, mir nach dem Aroha (guten Tag) die Pfeife, aus der sie rauchte, anzubieten; diese wurde mir aber schon nach wenigen Zügen von einem Diener aus dem Munde genommen, und im Kreise umhergereicht. Ich stattete hierauf den beiden Missionären, Herrn Thoster und Bischop, meinen Besuch ab. Die freundlichen Männer bedauerten, dafs ich nicht eine Woche später nach Owhyhee gekommen war, weil sie dann Zeit gehabt hätten, mich auf meiner Reise zu begleiten. Das Anerbieten, bei ihnen zu wohnen, konnte ich nicht annehmen, weil ich noch mancherlei auf dem Schiff zu besorgen hatte, und den Steuermann desselben, Mr. Hall, welcher der Landessprache mächtig war, bereden wollte, mich auf den Mauna Roah zu begleiten, wozu er sich auch geneigt zeigte.

Wir fuhren am andern Morgen früh in dem vom Lande geschickten Boot ab; hielten S. S. O., und liefsen Karakakua zur Seite. An unserem südlich gelegenen Landungsplatz brachen sich die Wogen mit furchtbarer Gewalt. Unser Steuermann hielt ruhig in die Brandung hinein. Die erste Welle riſs den Balancier loſs, sogleich sprang ein Kannaka ins Wasser und band ihn wieder an. Eine kurze Zeit tanzte das Boot auf den Wellen, ohne fortzurücken, dann befahl der Steuermann zu rudern, denn er wuſste daſs jetzt eine kleinere Welle kommen, und das Boot bis an den felsigen Vorsprung der Küste führen würde. Ich ergriff Hammer und Tasche, und war zuerst auf der Klippe, von der ich ans Land eilte, ehe die höchsten Wogen mich erreichten. Die Bootsleute ruderten sogleich rückwärts, und nun stürzte eine hohe Wassermasse gegen die Küste und überschüttete die ganze Wand. Von meinem Standpunct konnte ich deutlich das Spiel der Wogen mit dem Canot beobachten. Oft war der ganze Kiel der vordern Hälfte sichtbar, und das Hintertheil tief im Wasser, dann verschwand das Fahrzeug gänzlich zwischen den hohen Wellen. Doch wurde Alles glücklich ausgeschifft. Auf die Eingebornen am Ufer machte das gefährliche Schauspiel gar keinen Eindruck; diese Art zu landen schien ganz gewöhnlich zu seyn.

Die Felswand besteht aus Lava. Wir stiegen rasch weiter gegen O., zu einem Ausläufer des Worroraï, der schwarze, schlackige Basalt-Lava enthält, worin Olivin liegt. Die schwer beladenen Begleiter konnten kaum folgen, weil ihre nackten Füſse auf den spitzigen Steinen sehr litten. Vier Uhr Nachmittags hatten wir die höchste Stelle auf jenem Ausläufer erreicht. Die Leute konnten, der Ermüdung wegen, nicht weiter, und nöthigten uns hier zu übernachten. Wir hatten bereits die Region der baumartigen Farrenkräuter unter uns, und es begann die Region der hohen Laubhölzer. Der nackte Gipfel des Worroraï lag in N. von unserm Standorte, von dem ihn eine weite, sanft ansteigende, mit Wald bewachsene Ebene schied. Das Meer, obgleich entfernt, schien zu unsern Füſsen zu liegen. Mowee, Ranay und Morotoi waren deutlich zu erkennen; Woahoo zeigte sich in grauer Ferne. Die Nacht war sternhell aber kalt. Das Trinkwasser mufste weit hergebracht werden, indem der Worroraï und seine Umgebung an Quellen arm sind.

Als wir am andern Morgen unsere Wanderung fortsetzen wollten, erklärten unsere Führer, sie würden nicht einen Schritt weiter gehen. Im Fall wir allein das Ersteigen des Mauna Roah wagen wollten, so würden sie uns den Weg hinauf beschreiben, und uns hier erwarten. Geldanerbietungen und Drohungen waren umsonst; gelassen erwiederten sie: dafs wir zu Hause bestraft werden, wissen wir; aber es ist das besser, als auf dem Berge zu erfrieren und sich die Füfse wund zu laufen. Da keine Vorstellung half, sollten mich die Leute wenigstens auf den Gipfel des Worroraï bringen, den ich in einem Tage zu erreichen hoffte, aber sie versicherten, gewifs grundlos, es führe von unserem Standpunct kein Weg dorthin. So mufsten wir denn, höchst verdriefslich über die Hartnäckigkeit, welche unser Vorhaben vereitelte, dem Mauna Roah eher noch den Rücken kehren, als wir ihn in der Nähe gesehen hatten. Dafs man in Kairua die Leute ins Gefängnifs steckte, machte nichts gut.

Auf dem Rückwege kamen wir bei Karakakua über einen Lavastrom, der gegen 500 Faden breit war.

Die unerwartet schnelle Endschaft unserer Reise erfreute allein Herrn Bekley, der gleich am andern Tage in See zu gehen beschlofs. Ich benutzte die noch übrige Zeit, mich in der Umgegend von Kairua umzusehen.

Der Lavastrom, auf welchem Kairua liegt, ist breiter als der bei Karakakua, und, bis auf einzelne Cocos-Pflanzungen, durchaus nackt und dürr. Erst in der halben Höhe des Worroraï beginnt der Wald, und zieht sich bis in die Nähe des entblöfsten Gipfels hinan. Die Lava hat an mehreren Orten Höhlen, die oberhalb zerrissen zu seyn pflegen. Dem Strom zur Seite und in ihm, liegen grofse Massen basaltischer Lava, welche Olivin und Augit-Krystalle einschliefst.

Adams liefs in der Lava nach Quellen graben, weil gutes Trinkwasser vierzehn englische Meilen weit geholt werden mufste. Man war bereits 10 Faden in die Tiefe gegangen, ohne Wasser zu erhalten, und die Felsstücke welche zu Tage gefördert wurden, zeigten sich noch eben so blasig wie an der Oberfläche.

Beim Abschiede von den Missionären erfuhr ich, dafs oberhalb Kairua, in geringer Entfernung von dem Ort, eine merkwürdige Höhle sich befände, die tief in den Berg hineingeht, und einen Ausgang zum Meer haben soll. Herr Bischop hatte die Gefälligkeit, mich, mit Laternen versehen, dorthin zu begleiten. Der Zugang ist so niedrig, dafs wir hindurch kriechen mufsten. Man gelangt in eine Grotte, die etwa 10 Fufs hoch und breit, anfänglich abschüssig, weiterhin horizontal ist. Auf dem Boden liegen grofse Stücken Lava, und von der Decke hängen Lava-Stalactiten herab. Im Hintergrunde senkt sich die Decke nochmals, und dann tritt man in einen 150 Schritt langen, 20 Fufs hohen, gewölbten Saal. Boden und Decke, mit weifsem Kieselsinter überzogen, sind glatt; die Wände, durch Hervorragungen der Lava, rauh. Ein Paar Maal wechseln, auf ähnliche Weise, Weitungen und Engen, dann gelangt man an einen unterirdischen See, der Meerwasser enthält, und, wo wir ihn sahen, $1\frac{1}{2}$ Fufs tief war. Zur Zeit der Fluth kann er hier nicht durchwatet werden, und auch jetzt mufsten die Eingebornen, welche uns begleiteten und ins Wasser gingen, in einiger Entfernung von uns schon schwimmen. Bald verloren wir sie und ihre Lichter aus dem Gesicht, und hörten nur noch ihr lautes Gebrüll wiederhallen. Die Höhle soll drei englische Meilen lang seyn. Den See fanden wir 643 Schritt von dem Eingange entfernt, und nach der Messung eines Matrosen mit der Logg-Leine, beträgt die Strecke 15000 Fuſs englisch.

Bald nachdem ich in Woahoo angelangt war, verlieſs unser Schiff die Insel. Es kehrte aber im Jahr 1825, auf der Heimreise, nochmals dorthin zurück; verweilte jedoch nicht so lange, daſs ich meine Untersuchungen hätte fortsetzen können; ich ergänze sie demnach durch die Nachrichten über Owhyhee, welche ich der gefälligen Mittheilung des Missionär, Hrn. Stewart, verdanke, und füge die Nachricht von einem Naturereigniſs hinzu, das sich während unseres letzten Aufenthalts auf Woahoo zutrug.

Lord Byron der auf der Fregatte Blonde die Leichname des in England verstorbenen Königs der Sandwich-Inseln und seiner Gemahlin, nach Owhyhee gebracht hatte, unternahm dort in zahlreicher Begleitung der Eingebornen, mehrere Reisen in das Innere der Insel. Von den damals gemachten Entdeckungen theilte Herr Stewart mir folgende mit. Auf der Nordseite der Insel ist ein Lavastrom, im Hinabstürzen von einer 150 Fuſs hohen Wand, erstarrt, so daſs man zwischen ihm und der Felswand durchgehen kann. Elf Tagereisen von Kairua fand sich ein thätiger Vulcan. Sein oberer Kraterrand hält 10 englische Meilen im Umfange, trägt einiges Gebüsch, ist 600 Fuſs über dem ersten Absatz, innerhalb des Kraters, und 1400 Fuſs über dessen Boden erhoben, der gegen 2½ englische Meilen im Umfange haben mag. Die Wände des Kraters sind rother Fels; an der einen Seite mit Schwefel überzogen. Die Lava des Bodens, obgleich verhärtet, war sehr heiſs. Aus ihm erheben sich 16 Kegel, der gröſste etwa 150 Fuſs hoch, und alle speien Feuer. In der Nacht welche Lord Byron und

Herr Stewart am Rande des Vulcans zubrachten, fand eine neue Eruption Statt.

Woahoo am 15ten September 1825, Nachmittags. Die Luft war rein, nur an den Bergen hingen Regenwolken; da glaubten wir, die wir am Lande waren, mehrere Salutschüsse, welche, stärker und schwächer, schnell auf einander folgten, zu vernehmen. Herr v. Kotzebue hörte auf seinem Schiff etwa zehn solcher Schüsse, die ihm von zwei Schiffen, das eine über, das andere unter dem Winde zu kommen schienen, denn der Schall war ein um das andere Mal schwächer. Bald nachher erfuhren wir, dafs, während dieser Explosionen, an mehreren Orten Steine aus der Luft gefallen waren. Ich besuchte die Stelle, wo eins der gröfseren Stücke gefunden wurde. Es hatte in den harten Lehmboden ein Loch, etwa 10 Zoll tief, geschlagen. Eine Feuerkugel oder ein anderes Meteor war nirgends gesehen worden, obgleich Eingeborne nicht weit von dem Ort standen, wo die Steine niederfielen. Aufser zahlreichen kleineren Stükken, sah ich nur zwei die gegen 3 Pfund schwer waren. Letztere haben einen schwarzen, schlackigen Ueberzug, der den kleinen fehlt, oder an ihnen nur stellenweise erhalten ist; ein Zeichen dafs sie Trümmer gröfserer Stücke sind. Wie die meisten, bisher bekannt gewordenen Aerolithen, bestehen auch diese aus einer feinkörnigen, hellgrauen Masse, mit braunen Flecken von Eisenocher, der gediegenes Eisen umgiebt. Aehnliche Rostadern durchziehen die Masse; gelbliche, metallisch glänzende Pünktchen, die fein eingesprengter Eisenkies zu seyn scheinen, finden sich in Menge. Die übrigen Bestandtheile wird die, demnächst bekannt zu machende chemische Zerlegung nachweisen.

L u z o n.

Im November 1825 lief unser Schiff in die Manilla-Bay ein.

Die Insel Luzon erscheint aus der Ferne hoch und mit spitzigen Bergen besetzt. Gegen die Manilla-Bay verflächen sie sich. Die Einfahrt in diese wird von Bergen begrenzt, an deren Fuſs mehrere Dörfer liegen. Ihnen folgt das Städtchen Cavite, und etwa 20 Werst nördlicher die Hauptstadt Manilla, beide auf einer weiten Ebene gelegen, deren Hintergrund von Höhen begrenzt wird.

Die Ebene besteht durchgängig aus Traſs mit Bimstein und vulcanischem Tuff, der grau, weich und stark verwittert ist. Sämmtliche Häuser in beiden Städten sind aus letzterem erbaut. Den Traſsgrund deckt eine Schicht schwarzer Dammerde, die mit üppigem Grase und Bäumen bewachsen ist. Die Flüsse, fast alle unbedeutend, haben tief eingeschnittene Betten.

Der Vulcan von Taal.

Nach langem Harren erhielt ich endlich von dem General-Capitain Erlaubniſs und Pässe zur Reise in das Innere der Insel. Ich begann mit der Untersuchung des Vulcans von Taal. Der Weg führt von Cavite gerade nach S. Von dem Dorfe Terra alta bis St. Cruce de Malabon reitet man längs einem Fluſsbette, in ganz ebenem Lande, wo nur Traſs ansteht. Von S. Cruce bis Indan läuft der Weg S. W. bergan. Auch hier dasselbe Gestein, nur grobkörniger. Schilfgras, so hoch daſs es dem Reiter zu Pferde über den Kopf reicht, bedeckt das Land. Aus dem Grase ragen Bambubäume hervor.

Indan mag schon 500 Fuſs über dem Meere liegen. Die Luft ist hier reiner, die Nächte sind kühl. An beiden Seiten des Dorfes flieſsen aus S. kommende Bäche, deren Ufer ebenfalls aus vulcanischem Traſs bestehen.

In dem Bette fand sich Gerölle von verschiedenen vulcanischen Steinarten. Eine Grotte, in schwarzer, verwitterter Lava-Schlacke, enthielt von dieser eingeschlossene Basaltmassen und grofse Stücke verkohlten Holzes.

Von Indan ritten wir gerade nach S. Die Gegend gleicht der zwischen St. Cruce und Indan. Ohne gebahnten Weg waren wir drei Stunden lang durch das einförmige Land gezogen, da öffnete sich plötzlich ein weiter Thalkessel, und wir hielten an seinem 600 Fufs hohen Rande. Seinen Umkreis schätze ich fünf deutsche Meilen. Er ist waldig, und wurde auf der uns gegenüber liegenden Seite von hohen Bergen begrenzt. In der Tiefe, gegen N. O., ein See mit mehreren schwarzen Inseln, auf deren gröfsten, in S. S. W., der rauchende Vulcan von Taal sich erhebt. Durch eine Senkung des Beckenrandes erblickt man das Meer, in welches ein Bach den See ableitet.

Gefesselt durch das herrliche Gemälde, safs ich lange unbeweglich auf meinem Pferde; meine Begleiter meinten, das Ziel der Reise sey hier erreicht, und waren sehr überrascht, als ich nach dem Wege fragte, auf welchem wir hinunter gelangen könnten. Ich mufste sie zwingen mir ihn zu zeigen. Anfänglich folgten wir dem Beckenrande, und gelangten in einen Urwald mit Bäumen von aufserordentlichem Umfange, dann ging es plötzlich abwärts. Der Weg war sehr steil, die Pferde glitten stellenweise, fast sitzend, hinunter, und da wir endlich genöthigt waren, der zunehmenden Steilheit wegen, zu Fufs zu gehen, sanken wir bis über die Knöchel in den vom früheren Regen tief erweichten Thonboden. Fast nach vier Stunden langten wir beim See an, und nahmen in einigen benachbarten Hütten Quartier. Da sich nur ein ganz kleines Boot fand, in welchem blofs ein Mensch Platz hatte, hofften meine Führer aufs Neue mich zur Rückkehr bewegen zu können, schafften indefs doch Rath, als ich nach dem sechs Stunden entfernten Dorfe Taal reiten wollte. Sie fanden es besser, einen Soldaten hinzuschicken, der uns ein gröfseres Boot bringen sollte. Ich gab ihm meinen Pafs mit, und am andern Morgen konnte ich mich zur Insel übersetzen lassen. Auch hier suchten die Begleiter meinen Entschlufs, den Vulcan zu besteigen, schwankend zu machen, indem sie versicherten, der Kraterrand sey unterwaschen, so dafs man sich ihm nicht nähern könne. Die Furcht vor der nachfolgenden Strafe wenn sie mich verliefsen, nöthigte sie, mir zu folgen.

Die Insel auf welcher der Vulcan sich befindet, besteht aus Lava, die stark verwittert ist, so dafs der Fufs Eindrücke zurückläfst. Die Seiten des Berges sind in allen Richtungen tief gefurcht. Es dauerte daher lange ehe wir hinaufkamen. Ein schmaler Felskamm zwischen zwei tiefen Schluchten, diente als Steig. Er führte an einen Abgrund, zu tief und jäh, um ihn zu durchklettern. Wir mufsten auf Umwegen zum Gipfel zu gelangen suchen, was uns endlich, nicht ohne grofse Anstrengung, glückte. Um, im Fall einer Unterwaschung der innern Kraterwand, vor dem Hineinstürzen möglichst gesichert zu seyn, mufsten die Führer, einander die Hände reichend, eine Kette bilden, deren vorderes Glied ich selbst war. So schritten wir langsam und bedächtig weiter. Oben angelangt, fand sich aber keine Spur von der geschilderten Gefahr, und nun gestanden meine Begleiter, dafs keiner von ihnen jemals an dem Vulcan, geschweige denn auf ihm gewesen, obgleich ihr Geburtsort an dem Ufer des Sees liegt. Abergläubische Furcht hatte sie davon abgehalten, und auch ihre vorigen Bemühungen, mich zur Rückkehr zu bewegen, veranlafst.

Der Krater ist rund, vielleicht eine Werst im Durchmesser. Der Haupt-Lavastrom war nach S. S. W. geflossen, doch sind Wände des Kraters nirgends ganz durchbrochen, und an der niedrigsten Stelle wohl noch 180 Fufs hoch. Aus dem Boden des Kraters erheben sich, fast in der Mitte, zwei Aschenkegel, mit einigen dreifsig rauchenden Oeffnungen. Auf zwei Seiten umgiebt verwitterter Lavagrund, auf den beiden andern Seiten gelbes Schwefelwasser die Kegel. An dem nördlichen Fufs des einen, rauchte der Pfuhl ununterbrochen, und in dem Augenblick da ich den Kraterrand erreichte, fand eine schwache Eruption Statt. Es stiegen nämlich unter Brausen und Rauch Aschenblasen auf, ähnlich den Blasen einer siedenden Lauge. Solcher Ausbrüche waren zwei innerhalb 20 Minuten. In den Krater selbst konnte ich nicht gelangen; denn die Wand, welche den trocknen Theil seines Bodens begrenzt, ist senkrecht, und unter der andern minder steilen Seite liegt, hart an ihrem Fufs, der Schwefelpfuhl. Von der Sonne beschienen schillerte derselbe wie Gold, und seine Umgebung, die schwarze Lava, erhöhte noch den Glanz.

Ein zweiter hoher Kegelberg mit einem Krater, liegt an dem Nordost-Ende der Insel, die überall nackt und schwarz, nur an ihrem Ufer einige Bäume hat. Rehe graseten hier.

Auf der Rückkehr aus dem weiten Becken erkannte ich, beim Ersteigen seiner steilen Thalseiten, in dem anstehenden Gestein die Felsarten von Cavite und Manilla wieder.

Eine schwere Krankheit, die mich bald nachher befiel, raubte mir Zeit und Kräfte, um die Untersuchung der Insel Luzon fortzusetzen.

FSC
www.fsc.org
MIX
Papier | Fördert
gute Waldnutzung
FSC® C083411

Zeitfracht Medien GmbH
Ferdinand-Jühlke-Straße 7
99095 Erfurt, Deutschland
produktsicherheit@kolibri360.de